"课课通"普通高校对口升学系列学习指导丛书

课课通

计算机原理（计算机类）

● 主 编 江新顺 ● 副主编 徐 育

电子工业出版社

Publishing House of Electronics Industry

北京·BEIJING

内 容 简 介

本书依据教育部《中等职业学校计算机应用类专业计算机原理课程教学》基本要求进行编写，同时，根据《江苏省普通高校对口单招计算机类专业综合理论考试大纲》进行了适当调整。本书对计算机原理的知识点、历年考点、学习目标、学习内容等进行恰当的归纳、整理。对精选典型例题进行分析解答，还对部分内容进行拓展与变换，本书有大量的巩固练习。本书的编写以利于学生更好地掌握本课程的出发点和归结点，增强学生的理论知识和操作技能。

本书内容深入浅出，适合全国中等职业学校计算机应用专业及其他相关专业的学生使用，尤其适合参加普通高校对口升学的考生使用。

本书除了江苏省参加普通高校对口升学的考生使用外，也可为其他省市参加对口升学的中职学生提供鼎力的指导和帮助，有助于提升对知识的理解，提高考试成绩。本书还可供计算机工作者及爱好者参考使用。

未经许可，不得以任何方式复制或抄袭本书之部分或全部内容。

版权所有，侵权必究。

图书在版编目（CIP）数据

课课通计算机原理: 计算机类 / 江新顺主编. —北京：电子工业出版社，2013.10
（"课课通"普通高校对口升学系列学习指导丛书）

ISBN 978-7-121-21392-2

Ⅰ．①课… Ⅱ ①江… Ⅲ．①电子计算机－中等专业学校－升学参考资料 Ⅳ．①TP3

中国版本图书馆 CIP 数据核字（2013）第 209316 号

策划编辑：张　凌　陶　亮
责任编辑：郝黎明
印　　刷：三河市鑫金马印装有限公司
装　　订：三河市鑫金马印装有限公司
出版发行：电子工业出版社
　　　　　北京市海淀区万寿路 173 信箱　邮编：100036
开　　本：787×1 092　1/16　印张：12.75　字数：326.4 千字
印　　次：2013 年 10 月第 1 次印刷
定　　价：35.00 元（附试卷）

凡所购买电子工业出版社图书有缺损问题，请向购买书店调换。若书店售缺，请与本社发行部联系，联系及邮购电话：(010) 88254888。

质量投诉请发邮件至 zlts@phei.com.cn，盗版侵权举报请发邮件至 dbqq@phei.com.cn。

服务热线：(010) 88258888。

前　言

计算机原理是全国中等职业学校计算机应用专业的一门主干专业课程。其主要任务是使学生掌握必要的计算机硬件和软件知识，掌握微型计算机组成结构和各部件的工作原理，了解指令系统和汇编语言知识及程序设计的基本概念，了解计算机系统常见外围设备的功能和使用方法。

全书的各个部分按照考纲要求、历年考点、学习目标、内容提要、例题解析、巩固练习、阶段测试卷、综合测试卷等组织材料。内容提要对主要的知识点进行简明扼要的概括与阐述，以加深学生的理解，更好地吃透主教材的内容，对重点的内容等进行必要的强调；例题解析围绕各个知识点，收集大量的经典例题，并对这些例题进行详细的分析和解答，力求使学生加深对各个知识点的掌握，对部分知识点进行拓展与变换；巩固练习能够有效地帮助学生及时复习与巩固已学习的知识，并对内容提要的内容进行强调或互补。可以通过阶段测试卷、综合测试卷能够及时对学生学习情况进行测试。

通过本书的学习，使学生能够更好地掌握计算机硬件和软件的基本知识，初步学会运用时序概念分析问题和解决问题的方法，理解计算机系统的工作过程，培养学生分析问题解决问题的能力。

本书由江新顺担任主编、徐育担任副主编。参加本书编写的还有王祖凤、张彩霞、徐洁、陆政伟、陆永新。

由于编者水平有限，本书不妥与错误之处，恳请广大读者批评指正。

编　者
2013 年 8 月

目　录

第1章 计算机中数据的表示方法

◇ 了解计算机中数据的分类和表示方法。
◇ 理解 ASCII 编码、汉字编码。
◇ 掌握各种数制及其转换方法。
◇ 掌握原码、反码、补码的概念。

历年考点

	选择题	判断题	填空题
2008 年	进制转换 ASCII 码	二进制	ASCII 码 原码、反码、补码
2009 年	进制转换	补码运算 ASCII 码	进制转换 补码运算 汉字编码
2010 年	原码、反码、补码		进制转换
2011 年	进制转换	原码、反码、补码	补码运算 原码表示
2012 年	补码 进制转换		信息分类 原码、反码、补码 ASCII 码
2013 年	8421BCD	ASCII 码 定点数	补码运算

1.1　计算机中数据的分类和表示方法

学习目标

1. 了解计算机中信息的分类及表示方法。
2. 理解 ASCII 编码、汉字编码。

内容提要

1．计算机内部信息的分类

1）信息分类

计算机内部存储、传送的信息分为两大类：控制类信息、数据类信息。计算机内部的信息类型如图 1-1-1 所示。

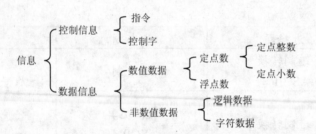

图 1-1-1　计算机中信息的分类

控制信息用于对计算机内部各个组成部件的控制，完成对数据信息的加工处理。

数据信息是计算机加工处理的对象，数据类信息简称数据。

2）数据的分类

数据的分类方法比较多。通常，根据数据是否具有可度量性将数据分为两种：数值数据、非数值数据。

（1）**数值数据**　数值数据是可以测量的、可以计数出来的数据，通常称为数字。如 11000011B、195、195D、303Q、C3H 等。数值数据按小数点的处理可分为定点数、浮点数。定点数又可细分为定点整数、定点小数。

（2）**非数值数据**　数值数据以外的数据为非数值数据。主要有字符数据和逻辑数据。字母 a、汉字、中英标点符号等是字符数据；"真"、"假"等是逻辑数据。

2．计算机中数据的表示

1）数据的表示方法

（1）数值数据的表示方法

数值型数据用机器数表示，机器数主要有原码、反码和补码三种形式。

（2）非数值数据的表示方法

字符数据主要有 ASCII 编码、汉字编码；逻辑数据常用"0"表示假，用"1"或非"0"表示真。

注意 数值数据、非数值数据在计算机内部是以二进制代码表示的。

2）数据的单位

（1）**位** 位（bit）是二进制数据位，是计算机中最小的数据单位，通常用小写字母 b 表示。每个位（1b）有 0 或 1 共 2 种状态；连续的 2 个位（2b）有 00、01、10 和 11 共 4 种状态；连续的 n 个位（nb）有 2^n 种状态。

（2）**字节** 字节（Byte）是计算机中基本的数据单位。1 个字节由连续的 8 个二进制位组成，通常用大写字母 B 表示，1 B=8 b。

（3）**字** 字（Word）是计算机处理事务时一次能够处理的一个固定长度的位组。这一个字的位数即字长，字长是计算机系统结构的重要特性。不同型号的 CPU 字长不相同，用 8 b、16 b、32 b 等区分，字长通常是字节的整数倍。

注意 在计算机内部进行数据传送时，或 CPU 进行数据处理时常用字长作为基本单位。

（4）**扇区** 扇区（Sector）是计算机从磁盘读取数据或向磁盘写入数据时最小读/写单位。磁盘的每一面被划分为很多同心圆，即磁道，磁道又按 512 个字节（512 B）为单位划分为等分，称为扇区。

存储单位之间的换算关系见表 1-1-1。

表 1-1-1 常用存储单位的换算关系表

太字节	吉字节	兆字节	千字节	字节
TB	GB	MB	KB	B
1TB=1024 GB $=2^{40}$ B	1 GB=1024 MB $=2^{30}$ B	1 MB=1024 KB $=2^{20}$ B	1 KB=1024 B $=2^{10}$ B	1 B=8 b

3. ASCII 编码与汉字编码

1）ASCII 编码

ASCII 编码是美国信息交换标准码，1967 年被国际标准化组织（ISO）认定为国际标准，又称为西文字符编码。ASCII 编码是 7 位二进制编码，所以可以表示 128 个字符（2^7=128）。如字符 A 的二进制编码为 100 0001 B。

西文字符机内码为单字节编码，在 7 位 ASCII 编码前加 0 而得，即最高位为 0。则字符 A 的机内码为 0100 0001 B，即 41 H。

注意 西文字符大小关系是如下：

空格<0<1<……<9<A<B<……<X<Y<Z<a<b<……<x<y<z

其中，0、A 和 a 三个字符编码的值依次是 48D、65D 和 97D，同一字母大小写的值相差 32D。

2）汉字编码

汉字作为字符，由于其自身的特点，其编码比西文字符复杂，需要采取特殊的方式描述汉字。计算机中汉字编码涉及汉字的输入码、国标码、机内码和输出码四个方面。

（1）汉字输入码

汉字与计算机键盘没有直接的对应关系，为了通过键盘直接输入汉字，就需要为汉字设计相应的输入编码，即汉字输入码。常用的汉字输入码有字音编码、字形编码、数字编码。

① **字音编码**　字音编码是根据汉字的读音进行编码，字音编码方案很多，最常见的有汉语拼音编码，如"汉"、"字"两字的全拼拼音编码为"han"、"zi"。字音编码的优点是"听音知码"，缺点是由于汉字同音字很多、多音字也多而造成重码多，影响录入速度。

② **字形编码**　字形编码是根据汉字字型进行编码，典型的有五笔字型编码。如"汉"、"字"两字的五笔字型编码为 IC、PB。字型编码的优点是"见字知码"，缺点是五笔字型学习时需要记忆字根和掌握拆字技巧，有一定的难度。

③ **数字编码**　数字编码是用数字为每个汉字字符进行编码，常见的有区位码、电报码等。如"汉""字"两字的区位码为 2626、5554；它们的电报码为 3352、1316。数字码的优点是没有重码，缺点是编码与汉字的字音、字形、字意之间联系很少，难以记忆。

④ **区位码**　汉字区位码是很重要的数字编码，每个汉字的区位码由区码和位码两部分组成，前两位为区码、后两位为位码。如"字"的区位码是 5554（读成五五、五四），其中前面两位 55 为区码，后两位 54 为位码。

注意　汉字的输入码编码的特点和优缺点。

（2）汉字国标码

国标码是汉字在计算机信息交换中通用标准，我国 1981 年公布的国家标准 GB2312-80《信息交换用汉字编码字符集·基本集》，简称国标码，有时简写为 GB2312-80。国标码是在区位码的基础上获得的。区位码的区码+20H、位码+20H 得到了国标码。如已知"字"的区位码是 5554，则

$$55+20H=31H+20H=51H$$
$$54+20H=30H+20H=50H$$

可得，"字"的国标码是 5150H。

4. 汉字机内码

汉字机内码是汉字在计算机内部存储、交换、检索等操作的信息代码。由于汉字总数超过 128 个，所以每个汉字编码使用两个字节。为了解决与西文字符兼容问题，表示汉字的每个字节最高位置为"1"，得到汉字机内码。双字节编码技术最多可以对 16384 个汉字（$2^{2*7}=16384$）进行编码。

目前，应用最广的汉字机内码是以国标码为基础，国标码+8080H 得到了机内码。如已知"字"的国标码是 5150H，则

$$5150H+8080H=D1D0H$$

可得，"字"的机内码是 D1D0H，即 11010001 11010000B。

注意　汉字的区位码、国标码与机内码等汉字的编码形式，相互之间有高度的联系，需要掌握三者间相互换算的方法。

5. 汉字输出码

汉字输出码是计算机中用于输出汉字的一种编码，是用点阵表示汉字的字型代码。汉字输

出码又称为汉字字模码、汉字字形码。

由于汉字的字体不同、字形不同、字号不同，其点阵的多少也不同。汉字输出码是用二进制数对字形进行信息化处理的结果。汉字输出码有16*16点阵、24*24点阵、32*32点阵、64*64点阵、96*96点阵、128*128点阵等。如某汉字的输出码是24*24点阵的编码，则该汉字编码共使用576个二进制位（24×24=576 b），即需要用72 B（即576/8=72 B）的存储空间。

例题解析

【例1-1-1】 下列数据中，计算机能够直接识别的是（　　）。

  A. 10010110B   B. 10010110H   C. 10010110 D. 10010110Q

分析 本题要点有两个：一是计算机中处理、存储的数据都是二进制，二进制数据是计算机唯一能够直接识别的数据；二是B为二进制、Q为八进制、D（或默认）为十进制、H为十六进制。答案A是二进制、答案B是十六进制、答案C是十进制、答案D是八进制。

答案 A

【例1-1-2】 计算机内部，处理数据的基本单位是（　　）。

  A. 位   B. 字节   C. 字   D. 扇区

分析 答案A是位，位是组成数据的最小单位；答案B是字节，即8个连续的二进制位，表示存储容量、文件大小的基本单位，也是最小的存储单位；答案C是字，字是计算机内部数据处理、传送的重要参数，字的长度一般是字节的整数倍；答案D是扇区，是计算机对磁盘进行读/写时的最小单位。

答案 C

【例1-1-3】 以下输入码中没有重码的是（　　）。

  A. 智能ABC   B. 区位码   C. 五笔字型 D. 搜狗拼音

分析 重点是考查各种输入码的理解。答案A、D属于字音编码，重码比较多；答案B属于数字编码，每个编码对应的字符是唯一的，没有重码；答案C为字形编码也有重码。

答案 B

【例1-1-4】 计算机中使用最广泛的字符编码是（　　）。

  A. 拼音码   B. 区位码   C. 五笔字型 D. ASCII码

分析 ASCII编码是国际标准化组织（ISO）于1967年认定的国际标准，几乎应用于每一台计算机上，而拼音码、区位码、五笔字型等属于汉字编码，虽然使用人数众多，但远没有ASCII编码广泛。

答案 D

【例1-1-5】 （　　）（江苏省单招考题2010年B）计算机内部使用的数据有二进制、八进制和十六进制。

分析 二进制编码是计算机唯一能够直接识别、处理、存储的编码，计算机内部使用的只有二进制。在计算机中应用八进制、十六进制等，是为了人们读、写、记忆与交流的方便。

答案 错

【例 1-1-6】（　　）西文字符的输入码、机内码和输出码三者是相同的。

分析 由于计算机键盘一般是美式键盘，西文字符在键盘上均有相应的键，在 ASCII 码表列出的二进制编码前加一个 0 为西文字符的机内码。输入时只需按相应的键，由系统转换成机内码，输入码就是其键面字符本身。计算机将结果输出时，将机内码送往显示器或打印机，再通过其中的字符发生器转换为 ASCII 字符图形，即输出码。西文字符的输入码、机内码和输出码三者虽然是统一的，却并不是相同的。

答案 错

【例 1-1-7】（　　）区位码转换为机内码时，只要将区码、位码分别加 A0H。

分析 汉字区位码的区码、位码分别加 20H 得到该汉字的国标码，国标码加 8080H 得到机内码。而区位码的区码、位码分别加 A0H 是直接得到机内码。

答案 对

【例 1-1-8】（江苏省单招考题 2012 年）计算机内部传送的信息分为控制信息和_____信息两大类。

分析 计算机内部的信息分为两类：控制信息、数据信息。控制信息用于对计算机内部各个组成部件的控制，完成对数据信息的加工处理。数据信息是计算机加工处理的对象。

答案 数据

【例 1-1-9】（江苏省单招考题 2012 年）1024 个汉字，用内码存储，需要 1 K×8 bit 的存储芯片_____片。

分析 本题重点是考查汉字编码所需要空间大小。每个汉字编码使用 2 个字节，

$$1024 个 * 2B/个 = 2048B = 2KB$$

$$\frac{2KB}{1k \times 8b} = \frac{2KB}{1KB} = 2$$

答案 2

拓展与变换 本题如果将 1024 个汉字改为 600 个汉字，答案是多少？

【例 1-1-10】存储楷体 GB2312-80 中所有字符的 16*16 点阵的字型码，需要____个扇区。

分析 每个汉字 16*16 点阵的字型码大小为 16*16/8=32 B，GB2312-80 中所有字符总数为 7445 个，所以总的字节数为 7445*32=238240 B；而每个扇区大小为 512 B，则所需扇区数为 238240/512=465.3 ≈ 466。

答案 466

【例 1-1-11】西文字符与汉字字符机内编码的特征是什么？

分析 西文字符机内码为单字节编码，字长为 8 位，但它的最高位均为 0。汉字的机内码为双字节编码，字长为 2*8 位，每个字节的最高位均为 1，以示与西文字符机内码区别开来。

西文字符编码：　0*** ****

汉字字符编码：　1*** **** 1*** ****

其中，"*"为二进制数"0"或"1"。当计算机进行字符编码处理时，最高位为 0 的字节，

每个字节均作为 1 个西文字符处理；而最高位为 1 的字节，每连续两个字节作为 1 个汉字字符处理。计算机在处理字符时，根据每个字节的最高位是 "0" 或 "1"，能够识别其是西文字符编码还是汉字编码，很好地解决了汉字与西文字符的并存。

答案 每个西文字符机内码用 1 个字节编码，它的最高位为 0，而每个汉字字符机内码用 2 个字节，每个字节的最高位全部为 1。

拓展与变换 根据西文字符机内码二进制编码最高位为 0，则其十六进制编码<80H；汉字字符机内码二进制编码最高位为 1，则其十六进制编码每个字节>A0H，可以判断出以下机内码串中哪个是汉字字符，哪个是二个西方字符（　　　）。

    A．4319H　　　　　　B．E39BH　　　　　　C．4B33H　　　　　　D．CBB3H

巩固练习

一、单项选择题

1．在 16*16 点阵的汉字库中，存储一个汉字的字形码需要的字节数是（　　　）。

    A．256　　　　　　　B．32　　　　　　　　C．16　　　　　　　　D．2

2．用 24*24 点阵表示汉字 "江" 和用 16*16 点阵表示汉字 "苏"，它们的机内码在内存中占用的字节数相比较，正确的是（　　　）。

    A．"江" 字比 "苏" 字占用得多　　　　　　B．"苏" 字比 "江" 字占用得多
    C．两个字相同　　　　　　　　　　　　　D．无法确定

3．（江苏省单招考题 2008 年）计算机中的字符，一般采用 ASCII 编码方案。若已知 "T" 的 ASCII 码值为 55H，则可推出 "P" 的 ASCII 码值是（　　　）。

    A．54H　　　　　　　B．53H　　　　　　　C．52H　　　　　　　D．51H

4．下列字符中，ASCII 码值最大的是（　　　）。

    A．空格　　　　　　　B．B　　　　　　　　C．1　　　　　　　　D．a

5．显示或打印汉字时，系统使用的汉字的编码是（　　　）。

    A．机内码　　　　　　B．国标码　　　　　　C．输入码　　　　　　D．字形码

6．某汉字的区位码是 "4319"，则它的机内码十六进制表示为（　　　）。

    A．4319H　　　　　　B．E3B9H　　　　　　C．4B33H　　　　　　D．CBB3H

二、判断题

7．（　　）（江苏省单招考题 2013 年）微型计算机中常用 16 位二进制数代码来表示一个字符的 ASCII 码。

8．（　　）1000 个 24*24 点阵的汉字，需要占 31.25 KB 的存储容量。

9．（　　）在 ASCII 表中字符编码值由小到的排列是数字<大字字母<小写字母。

10．（　　）计算机中最小的数据单位是字节。

11．（　　）使用不同的方法输入一个汉字，其机内码是相同的。

12．（　　）由于声音、图像包含的信息量很大，在计算机内部使用十六进制存储。

13．（　　）在微型计算机中 ASCII 码用 7 位表示，所以在 ASCII 也用 7 位存储。

14．（　　）ASCII 字符编码的值均小于 128。

15．（　　）汉字字符机内码，每个字节都大于 128。

16．（　　）汉字 "单"、"招" 的区位码分别为 2105、5348，那么，它们的机内码依次为

10110101 10100101B、11010101 11010000B。

17．（　　　）计算机存储一个全角的英文字母与存储二个半角的英文字母的内码占用的字节数相同。

18．（　　　）计算机内部对数据的传输、处理使用二进制数，对数据的存储使用十进制数。

三、填空题

19．（江苏省单招考题2008年）目前，微型计算机中通用的编码是美国标准信息交换码，简称_____码。

20．（江苏省单招考题2009年）汉字"啊"的机内码是B0A1H，对应的区位码是_____。

21．如果数字字符"1"的ASCII码的十进制表示为49，那么，数字字符"6"的ASCII码的十进制表示为_____。

22．已知某汉字的区位码是4353，则它的国标码是_____H、机内码是_____H。

23．如果某汉字的机内码是B1AEH，则它的国标码是_____、区位码是_____。

24．计算机中一串机内码为9023B3C567D4CC895EE5643297H，其中，可能包含_____个汉字。

25．要实现35种字符编码，至少需要_____位二进制数。

///   1.2   各种数制及其转换方法   ///

学习目标

1．掌握各种数制。
2．掌握十、二、八、十六进制数相互换算的方法。

内容提要

1．数制的基本概念

数制就是计数的规则。人们在日常工作、生活中广泛采用十进制，计算机内部采用二进制。计算机中采用数字信号表示数字，二进制的运算规则简单、物理元件的实现最容易。在二进制的基础上，计算机中也可采用八进制和十六进制。任何一种数制都有三个要素：基数、数码和位权。

（1）**基数**　基数是某数制所使用数码的个数。例如，二进制的基数为2；十进制的基数为10。

（2）**数码**　数码是数制中表示基本数值大小的不同数字符号。如十六进制有16个数码：0、1、2、3、4、5、6、7、8、9、A、B、C、D、E、F。

（3）**位权**　位权是数制中某一位上的1所表示数值的大小，即该位的"权"。如十进制数423.15：4的位权是$10^2=100$，2的位权是$10^1=10$，3的位权是$10^0=1$，1的位权是$10^{-1}=0.1$，5的位权是$10^{-2}=0.01$。二进制数1101.01：自左起第一个1的位权是$2^3=8$，第二个1的位权是$2^2=4$，第一个0的位权是$2^1=2$，第三个1的位权是$2^0=1$，第二个0的位权是$2^{-1}=0.5$，第四个1的位权是$2^{-2}=0.25$。

2．常用的数制

（1）**十进制**　十进制数是人们在日常使用最广泛的数据，基数为 10，有 0、1、2、3、4、5、6、7、8、9 共 10 个数码，计数的方法是"逢十进一"。十进制数通常用 10 或 D 进行标示，也可以默认。如（123.95）$_{10}$、123.95D 或 123.95。

（2）**二进制**　二进制数的基数为 2，数码只有 2 个：0、1，计数的方法是"逢二进一"。二进制数需要用 2 或 B 进行标示。如（1101.01）$_2$ 或 1101.01B。

（3）**八进制**　八进制数的基数为 8，数码有 8 个：0、1、2、3、4、5、6、7，计数的方法是"逢八进一"。八进制数需要用 8 或 Q 进行标示。如（175.32）$_8$ 或 175.32Q。

（4）**十六进制**　十六进制数的基数为 16，数码有 16 个：0~F，计数的方法是"逢十六进一"。十六进制数用 16 或 H 进行标示。如（3E7.6B）$_{16}$ 或 3E7.6BH。

> **注意**　R 进制数的基数有 0、1……（r-1）共 R 个，其第 n 位的位权为 R^{n-1}。

（5）**8421BCD 码**　8421BCD 严格地说并不是一种数制，它是二进制编码的十进制数，是最常用的 BCD 码。这种方法是用 4 位二进制码的组合代表十进制数的 0，1，2，3，4，5，6，7，8，9 十个数符。如 123.95=0001 0010 0011.1001 0101BCD、（1001 0111 0101.0110）$_{BCD}$=975.6、（1001 0111 0101.0110）$_{8421BCD}$=975.6。

> **注意**　BCD 码有多种编码规则，8421BCD 码只是其中最常用的一种，通常也将其简称为 BCD 码。BCD 进行标示，有"BCD"尾标、"BCD"下标和"8421BCD"下标三种。

3．不同进制数的换算

1）非十进制数换算成十进制数的方法

任意进制（R）数 M 用序列的形式表示，则通式可写成 $X_nX_{n-1}\cdots X_1X_0X_{-1}\cdots X_{-m}$，那么，其十进制的值为

$$X_n \times R^n + X_{n-1} \times R^{n-1} + \cdots + X_1 \times R^1 + X_0 \times R^0 + X_{-1} \times R^{-1} + \cdots + X_{-m} \times R^{-m}$$

如 1101.01B=$1 \times 2^3 + 1 \times 2^2 + 0 \times 2^1 + 1 \times 2^0 + 0 \times 2^{-1} + 1 \times 2^{-2}$=13.25。

2）十进制数换算成二进制数的方法

十进制数换算成二进制时，一般将整数部分与小数部分分别进行换算。整数部分采用"除以二逆向取余"，小数部分则采用"乘以二正向取整"，然后将结果组合起来。

十进制数（尤其比较大时）可以借助 DB 转换表快速换算成二进制。DB 转换表可以自行制作，见表 1-2-1。

表 1-2-1　DB 转换对照表

十进制	……	4096	2048	1024	512	256	128	64	32	16	8	4	2	1	0.5	0.25	0.125	0.625	……
二进制																			

如求 1678.9D=_____B，令 M=1678.9，由于 M<4096、M<2048，所以相应的二进制位取 0，但 M>1024，相应的二进制位取 1，然后取 M=1678.9-1024=654.9；又因 M>512，相

应的二进制位取 1，然后取 M=654.9-512=142.9，以此类推。如果没有特别要求，小数点后保持 4 位。则 1678.9D=11010001110.1110　B

3）多种非十进制数间互相换算的方法

（1）二进制数换算成八进制数

将二进制数以小数点为界，分别向左、向右，每 3 位分为一组，不足 3 位时用 0 补足。整数在最高位前补 0，小数在最低位后补 0。然后将每组的 3 位二进制数值转换成八进制数即可。如求 11010001110.1110B=_____Q。换算如下：

$$11010001110.1110B=011,010,001,110.111,000B=3216.70Q$$

（2）八进制数换算成二进制数

按原数的顺序，将每位八进制数等值换算为 3 位二进制数即可。

（3）二进制数换算成十六进制数

与二进制数换算成八进制数方法相似。将二进制数以小数点为界，分别向左、向右，每 4 位分为一组，不足 4 位时用 0 补足。整数在最高位前补 0，小数在最低位后补 0。然后将每组 4 位二进制数值转换成十六进制数即可。如求 11010001110.1110B=_____H。换算如下：

$$11010001110.1110B=0110,1000,1110.1110B=68E.EH$$

（4）十六进制数换算成二进制数

与八进制数换算成二进制数方法相似。按原数的顺序，将每位十六进制数等值换算为 4 位二进制数即可。

注意　对于十进制数换算成八进制数、十六进制数，采用间接换算方法往往事半功倍。即先将十进制数换算成二进制数，然后由二进制数再换算成八进制数或十六进制数。以二进制数作为中间体，可以很方便地实现八进制数与十六进制数相互间换算。

例题解析

【例 1-2-1】（江苏省单招考题 2013 年）8421BCD 码 10010110 的真值是（　　）。

　　A．+96D　　　　　　B．+226Q　　　　　　C．+96H　　　　　　D．-16D

分析　本题考查重点是 8421BCD 码、不同数制相互转换。BCD 码是二进制编码的十进制数，即十进制数中的每一位用 4 位二进制数表示。8421BCD 码：10010110=1001,0110B=96D，所以其真值为+96D。

答案　A

【例 1-2-2】（江苏省单招考题 2012 年）下列不同进制数中，最大的数是（　　）。

　　A．10111001B　　　　B．257Q　　　　　　C．97D　　　　　　　D．BFH

分析　本题重点是考查不同进制数的换算。基本方法是将答案 A、B、D 换算成十进制数，然后比较大小。10111001B=185D、257Q=175D、BFH=191D。

由于答案 B、D 分别是八进制、十六进制，比较容易换算成二进制。因此，可将答案 B、C、D 换算成二进制后比较大小。

答案　D

拓展与变换 由于 97D<128D，估算出答案 C 对应的二进制数最多是 7 位，而不可能比答案 A 大可以先排除。这样只需要在答案 A、B 和 D 三者中找出最大的数。

【例 1-2-3】 下列表示法是错误的是（   ）。

    A.（131.6）$_{10}$ B.（532.6）$_5$ C.（100.101）$_2$ D.（267.6）$_8$

分析 本题考查重点是数制、基数、数码等基本概念。答案 B 是五进制，共有 5 个数码 0、1、2、3、4，却出现数码 5、6，这是错误的。答案 A、B 和 C 分别是十、二、八进制，数码没有出现错误。

答案 B

【例 1-2-4】（   ）（江苏省单招考题 2008 年）一个四位的二进制数的最大值是 "1111"，其值为 15，因而，四位的二进制数最多可表示 15 种状态。

分析 四位二进制编码：0000、0001、0010、…、1110、1111，共有 16 种状态，即 2^4=16。

答案 错

【例 1-2-5】（   ）若要表示 0~99999 的十进制数，使用二进制最少需用 17 位。

分析 本题重点是考查二进制编码，即多少位二进制可以表示 0~99999 共 100000 种状态。可以假设需要 X 位，则 $2^X \geqslant 100000$，解此不等式，得 X≥17，则 X 的最小值为 17。

答案 对

拓展与变换 本题可以采用估算的办法：100000=100×1000，即

        64×1024<100×1000<128×1024

        2^{16}<100×1000<2^{17}

就是说，2^{16} 种编码少于 100000 种，而 2^{17} 种编码大于 100000 种。因此，至少需要 17 位二进制才能满足 0~99999 的表示。

【例 1-2-6】（江苏省单招考题 2009 年）某 R 进制数（627）$_R$=407，则 R=_____。

    A. 8   B. 9   C. 12   D. 16

分析 本题的考查重点是对数制的理解与掌握。根据 $6 \times R^2 + 2 \times R + 7 = 407$，解一元二次方程得 R_1=8、R_2=−25（舍去）。

答案 A

拓展与变换 以上解析也是最基本的思路。在解答本题时，如果 R≥10，则 $6 \times R^2 \geqslant 600$，完全可以快速地排除答案 C 和 D。同样，如果 R=9，则 $6 \times R^2 \geqslant 480$，又可以快速排除答案 B。

【例 1-2-7】（   ）某进制数 152，它与十六进制数 6AH 相等，该数是八进制。

分析 本题考查不同数制间相互转换方法的灵活应用。方法是将 6AH 换算成八进制进行观察：6AH=0110,1010B=001,101,010B=152Q。

另一种方法是假设该数是 R 进制，则 $1 \times R^2 + 5 \times R + 2 = 6 \times 16 + 10$，求出 R=8，R=−13（舍去）。

答案 对

【例1-2-8】（江苏省单招考题2012年）已知字符 A 的 ASCII 码值为 65，则字符 a 的 ASCII 码值的八进制表示为_____。

分析 本题考查知识点有两个：一是对 ASCII 码表的理解与掌握；二是十进制数换算成八进制数。在 ASCII 码表中小写字母的值比相应大写字母的值大 32，A 的 ASCII 码值为 65，则字符 a 的 ASCII 码值为 65+32=97。

答案 141Q

【例1-2-9】（江苏省单招考题2010年B）十进制数 19 用 8421BCD 码表示为_____。

分析 本题重点是用 8421BCD 码。而 1 的 4 位二进制编码是 0001，9 的 4 位二进制编码是 1001，则 19 对应的 BCD 码为 00011001。

答案 00011001BCD、$(00011001)_{BCD}$、$(00011001)_{8421BCD}$

【例1-2-10】比 2 的 10 次方小 1 的十六进制数是_____H。

分析 本题是考查二进制数的表示。由于 2^{10}=10000000000B（即 1 的后面有 10 个 0），则 $2^{10}-1$=1111111111B（即 10 个 1）。而 1111111111B=11,1111,1111B=0011,1111,1111B=3FFH。

答案 3FF

【例1-2-11】无符号 8 位二进制所能表示的最大十进制数是_____。

分析 因为是无符号数，其 8 位二进制全部为 0 时最小，全部为 1 时最大。最小的编码为 00000000，其值为 0；最大的编码为 11111111，其值为 255。8 位二进制，共有 2^8=256 种状态。

答案 255

巩固练习

一、单项选择题

1. （江苏省单招考题2011年）下列四个不同进制的数中，最大的数是（   ）。
   A. $(11011001)_2$ B. $(237)_8$ C. $(203)_{10}$ D. $(C7)_{16}$

2. 下列数四个数中，最小的数为（   ）。
   A. $(101001)_2$ B. $(52)_8$ C. $(101001)_{BCD}$ D. $(233)16$

3. 在下列四个数中，真值与其他三个数不相等的数是（   ）。
   A. 11011001B   B. 2AH   C. 331Q   D. 001000010111BCD

4. 以下 4 个数未标明属于哪一种数制，但是可以断定不是八进制数的是（   ）。
   A. 1101   B. 2325   C. 7286   D. 4357

5. 十六进制数 1000 转换成十进制数是（   ）。
   A. 1024   B. 2048   C. 4096   D. 8192

6. 二进制数 1011.101 对应的十进制数是（   ）。
   A. 9.3   B. 11.5   C. 11.625   D. 11.10

7. 某进制数 152，它与十六进制数 6AH 相等，该数是（   ）。
   A. 二进制   B. 八进制   C. 二进制   D. 不能确定

8. 下列语句错误的是（   ）。

  A．任何二进制整数都可以用十进制来表示

  B．任何二进制小数都可以用十进制来表示

  C．任何十进制整数都可以用二进制来表示

  D．任何十进制小数都可以用二进制来表示

9．在十六进制数的某一位上，表示"十二"的数码符号是（　　　）。

  A．F   B．E   C．B   D．C

二、判断题

10．（　　　）按字符的 ASCII 码值比较，"X"比"c"大。

11．（　　　）十六进制中共有 16 个数码，最小的是 0，最大数码是 15。

12．（　　　）某十六进制数用 4 个字节表示，可表示 4 位十六进制数。

13．（　　　）现有 XB、XH、XQ 和 XD 共 4 个数，则最大的数是 XH。

14．（　　　）1358 不可能属于八进制数。

三、填空题

15．（江苏省单招考题 2010 年）已知数字 0 的 ASCII 码是 48，则数字 9 的 ASCII 码是＿＿＿＿＿＿＿＿。

16．8 位二进制数 d_3 位的权是＿＿＿＿＿＿＿＿。

17．如果 7*7 的结果值在某种进制下可以表示为 61，则 6*7 的结果值相应为＿＿＿＿＿＿＿。

18．（江苏省单招考题 2010 年）数 A3.1H 转换成二进制是＿＿＿＿＿＿。

19．（江苏省单招考题 2009 年）十进制数 25.1875 对应的二进制数是＿＿＿＿＿＿＿＿＿。

20．二进制数 1011110.0001100111 转换成十六进制数是＿＿＿＿＿＿、八进制数是＿＿＿＿＿＿、十进制数是＿＿＿＿＿＿。

21．十六进制数 11.4 转换成二进制数是＿＿＿＿＿＿＿＿＿。

22．八进制数 1000 转换成二进制数是＿＿＿＿＿＿＿＿＿。

23．将十进制数 77 转换为二进制数是＿＿＿＿＿＿＿＿＿。

24．十六进制数 1CB.8H 转换成十进制数是＿＿＿＿＿＿＿＿。

25．将 18.7 转换成二进制数（保留 6 位小数）是＿＿＿＿＿＿＿＿＿。

26．将 66.6 转换成二进制数是＿＿＿＿＿＿＿＿＿。

1.3　原码、反码、补码

学习目标

1．了解数的定点法和浮点法表示。

2．掌握原码、反码、补码的概念。

3．掌握补码运算的规则。

内容提要

1. 定点数和浮点数

计算机中处理的数值型数据，按小数点的处理方法可分为定点数、浮点数。相应的表示方法称为定点法和浮点法。

1）定点数

定点数是指小数点的位置固定不变的数，又称为用定点法表示的数。定点数分为以下两种。

（1）**定点整数**　规定小数点在最低数值位之后，机器中所能表示的所有数值都是整数。n 位二进制所能表示的定点整数的范围是 $-2^{n-1} \sim 2^{n-1}$。

（2）**定点小数**　规定小数点在最高数值位和符号位之间，机器中所能表示的所有数值都是小数。n 位二进制所能表示的定点小数的范围是 $-(1-2^{n-1}) \sim (1-2^{n-1})$。

注意　定点数中小数点的位置是隐含的，不需要写出。定点法表示的缺点是只能表示纯整数或纯小数。

2）浮点数

浮点数是指小数点的位置不是固定的，是可变化的。一般来说，任何一个二进制数 N 可以表示为：$N = 2^P \times S$。其中，P 为阶码、S 为尾数。P 或 S 均有正负，P 的正负称为阶码的符号，简称为阶符，S 的正负就是 N 的正负，称为数符；P 或 S 均有大小，即阶码数值、尾数数值。

在字长为 M 位的计算机中，浮点数如表 1-3-1 所示。

表 1-3-1　浮点数

阶符 1 位	阶码数值 L 位	数符 1 位	尾数数值 (M-2-L) 位

注意

（1）阶码用定点整数的补码表示，尾数用定点小数的补码表示。

（2）对于某计算机来说，字长 M 是固定的，那么，L 位的多少决定了浮点数的表示范围，(M-2-L) 位的多少决定了浮点数的精度；L 位数越多可表示的浮点数的范围大，而精度越低，反之则相反。

（3）规格化浮点数要求尾数满足：$0.5 \leqslant S < 1$。判断计算机内部一个浮点数是规格化的依据：尾数的最高数值位与符号位相反。

3）定点数与浮点数的比较

（1）在字长 M 相同的情况下，浮点数表示的范围比定点数大，但精度低；定点数表示的范围比浮点数表示的范围小，但精度高。

（2）浮点数运算规则比定点数复杂，对计算机硬件的要求高，需要的设备多。

（3）在微型计算机内部一般采用定点法表示。

2. 原码、反码、补码

1）真值与机器数

（1）**真值**　真值是带有"＋"、"－"号的数，真值可以是各种进制。如+10、+1010B、-1101B、

-13Q、-DH。

（2）**机器数** 机器数是将符号数字化后的二进制数，机器数的最高位为符号位，其他各位为数值位。符号位是 0 表示正数，1 表示负数。机器数分为原码、反码与补码。如真值＋1010B、－1101B 对应的 01010B、11101B 为机器数。

2）原码、反码、补码

（1）**原码** 符号位为 0 表示正数，符号位为 1 表示负数。真值中符号位数字化后得到的机器数就是原码。

（2）**反码** 正数的反码与原码相同。负数的反码是在原码基础上，符号位不变，数值位在原码基础上全部按位取反。

（3）**补码** 正数的补码与反码相同。负数的补码是在反码基础上，符号位不变，数值位在反码基础上＋1。

例如，假设字长为 8 位，写出 58、127 和-127 的原码、反码和补码。

令 X=58，则	令 Y=127，则	令 Z=-127，则
$[X]_{真}$=+58D	$[Y]_{真}$=+127D	$[Z]_{真}$=-127D
=+0111010B	=+1111111B	=-1111111B
$[X]_{原}$=00111010	$[Y]_{原}$=01111111	$[Z]_{原}$=11111111
$[X]_{反}$=00111010	$[Y]_{反}$=01111111	$[Z]_{反}$=10000000
$[X]_{补}$=00111010	$[Y]_{补}$=01111111	$[Z]_{补}$=10000001

3．补码运算的规则

计算机中的算术运算一般采用补码进行运算，补码的符号位可直接参加运算，运算结果仍为补码。运算规则主要如下。

1）两数之和/差的补码

两数之和差的补码如下所示：

$$[X+Y]_{补}=[X]_{补}+[Y]_{补}$$

$$[X-Y]_{补}=[X]_{补}+[-Y]_{补}$$

2）求补

求补就是求相反数的补码。已知$[X]_{补}$，求$[-X]_{补}$的方法：将$[X]_{补}$连同符号位全部取反，然后+1 就得到$[-X]_{补}$。如已知-127 的补码是 10000001，求 127 的补码是多少？

令 X=-127，则$[X]_{补}$=10000001，所以$[-X]_{补}$=01111110+1=01111111。

3）溢出

溢出就是计算机运算的结果超出了计算机所能表示的范围。溢出分为上溢和下溢，上溢是指运算结果超出了所能表示的最大数，下溢是指超出所能表示的最小数。

注意 溢出的判断方法主要有两种。方法一：用定义进行判断。方法二：用双符号位进行判断，C_{S+1} 和 C_S 分别为进位标志位的最高位与次高位。当 $C_{S+1}C_S$ 相异表示溢出，01 为上溢，10 为下溢；当 $C_{S+1}C_S$ 相同，即 00 或 11 表示没有溢出。

例题解析

【例1-3-1】（江苏省单招考题2008年） 下列数中最小的数是（　　）。

　　A. [10010101]原　　　　B. [10010101]反　　　C. [10010101]补　　　D. [10010101]₂

分析 本题考查的知识点是原码、反码和补码，比较大小。答案A对应的真值是–21D，答案B对应的真值是–106D，答案C对应的真值是–107D。答案D从形式上看，[10010101]₂可能是有符号数，也可能是无符号数，如果是有符号数则其真值是–21D，如果是无符号数则真值是149D。

答案 C

拓展与变换 当备选答案中有正数也有负数时，若找出最小数时，可以先排除正数；反之，找出最大数时可以先排除负数。与本题类似的题目：下列数中最大的数是（　　）；下列数中真值与其他数不相等的是（　　）。

【例1-3-2】（江苏省单招考题2010年） 十进制数–48用补码表示为（　　）。

　　A. 10110000　　　B. 11010000　　　C. 11110000　　　D. 11001111

分析 本题考查的知识点是真值转换为补码。令X=–48，则

$$[X]_真 = -48D = -0110000B$$

$$[X]_原 = 1011000$$

$$[X]_反 = 11001111$$

$$[X]_补 = 11010000$$

答案 B

拓展与变换 十进制数–48对应的机器数是10110000，则为（　　）。

　　A. 原码　　　　　B. 反码　　　　　C. 补码　　　　　D. 8421BCD码

【例1-3-3】 无符号二进制数后加上一个0，形成的数是原来的（　　）倍。

　　A. 1　　　　　　B. 2　　　　　C. 10　　　　　D. 不确定

分析 在无符号二进制数后加上一个0，相当于左移一位，形成的数是原来的2倍。如X=1110B，在后面加上一个0时Y=11100B。

答案 B

拓展与变换 在十进制数、八进制数、十六进制数后加上一个0，形成的数是原来的多少倍？二进制、十进制数、八进制数或十六进制数最后一位是0，将这个0删除，形成的数是原来的多少倍？

【例1-3-4】 若浮点数的阶码采用3位补码表示，尾数采用5位补码表示，则浮点数10110011的阶码、尾数对应的二进制分别是（　　）。

　　A. –1、–5　　　　B. –3、–0.8125　　　C. –2、1.1875　　　D. 5、38

分析 本题是考查浮点数表示法：阶码采用定点整数表示，尾数采用定点小数表示。本题中阶码是最左边3位：101，尾数是右边5位：100111。阶码101是定点整数的补码，真值是–3D；尾数10011是定点小数，小数点隐含在数符1的后面，相当于1.0011，则真值是–0.8125D。

答案 B

【例 1-3-5】（　　）字长为 16 位的补码，其所能表示的定点小数最小值为 -1。

分析 定点小数的最小值的补码形式为 1.00…0（小数点是隐含的，可以不写出）。无论字长多长，其值的大小都是 -1。

答案 对

【例 1-3-6】（　　）（江苏省单招考题 2009 年）在计算机内部为简化电路设计，一般采用补码形式进行数值运算。

分析 计算机中对二进制位取反、+1、移位等运算比较容易实现，补码运算时加法、减法都是通过加法实现的，乘法、除法运算是通过移位实现的，补码的符号位可直接参加运算，运算结果仍为补码。补码运算相比原码运算、反码运算来说，对硬件要求低，可以简化电路设计，容易实现。因此，计算机内部运算一般采用补码进行运算。

答案 对

【例 1-3-7】（　　）负数的原码的补码的补码是原码本身。

分析 本题考查的是补码的一个重要特点：负数由原码换算为补码时，符号位不变，数值位"按位取反后再 +1"；而负数由补码换算为原码时，同样是符号位不变，数值位"按位取反后再 +1"。也就是说，负数的原码与补码互为逆运算，其算法完全相同。这样实现互为逆运算使用同一电路，简化了计算机的硬件设计。

答案 对

【例 1-3-8】（江苏省单招考题 2013 年）已知 X 和 Y 均为 8 位定点整数，且 X 的真值是 -157D，Y 的真值为 +72H，则 $[X+Y]_{补}$ =＿＿＿＿＿B。

分析 令 X=-157D，Y=+72H=114D，补码表示 8 位定点整数的范围是 -128~127，则 $[X]_{补}$=溢出，$[Y]_{补}$=01110010。

答案 溢出

【例 1-3-9】（江苏省单招考题 2009 年）已知 $[X]_{补}$=01110111B，$[Y]_{补}$=01100010B，则 $[X-Y]_{补}$ =＿＿＿＿＿＿＿＿。

分析 本题考查重点是补码运算。根据 $[Y]_{补}$=01100010，可得 $[-Y]_{补}$=10011110，则

```
        1 1 1 1 1 1 1 0    C
        0 1 1 1 0 1 1 1    [X]补
  +     1 0 0 1 1 1 1 0    [-Y]补
  ─────────────────────────────────
  [1] 0 0 0 1 0 1 0 1    [X]补+[-Y]补
```

$C_{S+1}C_S$=11，没有溢出；[1] 丢失。

答案 00010101B

【例1-3-10】已知-1的补码是11111111，-127的补码是10000001，则-128的补码是_____。

分析 本题考查的重点是补码运算。根据：$[-128]_补=[-1+（-127）]_补=[-1]_补+[-127]_补$，而 $[-1]_补$=11111111，$[-127]_补$=10000001，则

$$
\begin{array}{r}
1\,1\,1\,1\,1\,1\,1\,1 \quad C \\
1\,1\,1\,1\,1\,1\,1\,1 \quad [-1]_补 \\
+\quad 1\,0\,0\,0\,0\,0\,0\,1 \quad [-127]_补 \\
\hline
[1]\,1\,0\,0\,0\,0\,0\,0\,0 \quad [-1]_补+[-127]_补
\end{array}
$$

$C_{S+1}C_S=11$，没有溢出；将[1]丢失。得到$[-128]_补$=10000000。

答案 10000000

【例1-3-11】7A7685BH的16倍是_____H。

分析 本题的重点是考查对数制的理解。二进制数左移1位后所得的数是原来的2倍，同样，八进制数左移1位后所得的数是原来的8倍，而十六进制数左移1位后所得的数是原来的16倍。

答案 7A7685B0

拓展与变换 7A7685BH除以16倍，其余数是_____B。

巩固练习

一、单项选择题

1. （江苏省单招考题2012年）8位补码表示的定点整数范围是（　　）。
   A．-128~+128　　　　B．-128~+127　　　　C．-127~+128　　　　D．-127~+127

2. 下列四个无符号十进制数中，能用八位二进制数表示的是（　　）。
   A．296　　　　B．333　　　　C．256　　　　D．199

3. 定点数作补码加减运算时，其符号位是（　　）。
   A．与数位分开进行运算　　　　　　　　B．与数位一起参与运算
   C．符号位单独作加减运算　　　　　　　D．两数符号位作异或运算

4. 对于二进制码10000000，若其值为-128，则它的表示是用（　　）。
   A．原码　　　　B．反码　　　　C．补码　　　　D．阶码

5. 已知两数 X=-1101001B，Y=-1011011B，用补码进行加法运算后结果是下列情况（　　）。
   A．有进位　　　　B．有溢出　　　　C．无溢出　　　　D．以上都不对

6. 在机器数中，零的表示形式是唯一的是（　　）。
   A．原码　　　　B．补码　　　　C．反码　　　　D．反码和原码

7. 已知$[X]_补$=11101011，$[Y]_补$=01001010，$[X-Y]_补$=（　　）。
   A．10100001　　　　B．11011111　　　　C．10100000　　　　D．溢出

二、判断题

8．（　　）（江苏省单招考题 2013 年）设 X 是字长为 n 的定点整数，则 X 的模为 2^{n-1}。

9．（　　）（江苏省单招考题 2011 年）在计算机字长范围内，正数的原码、反码和补码相同。

10．（　　）计算机内部只能使用二进制、八进制或十六进制。

11．（　　）十进制数-113 的 8 位二进制补码是 10001110。

12．（　　）不论正数还是负数，原码补码的补码还是原码。

三、填空题

13．如果字长为 8 位，则+1、-1、+0 和-0 四个数的补码依次是＿＿＿＿、＿＿＿＿＿、＿＿＿＿、和＿＿＿＿＿。

14．（江苏省单招考题 2011 年）　已知 X、Y 为两个带符号的定点整数，它们的补码为 [X]$_{补}$=00010011B，[Y]$_{补}$=11111001B，则[X+Y]$_{补}$ =＿＿＿＿＿＿＿＿ B。

15．（江苏省单招考题 2010 年 B）已知[X]$_{补}$=11111111，X 对应的真值是＿＿＿＿＿＿＿。

16．（江苏省单招考题 2012 年）已知[X]$_{补}$=10000000，则 X=＿＿＿＿＿B。

17．已知[X]$_{补}$=010011B，则[-2X]$_{补}$ =＿＿＿＿＿＿＿＿ B。

18．用两个字节表示一个非负整数，则可以表示的数的范围，最小的一个是 0，最大的一个是＿＿＿＿H。

19．码值 80H：若表示真值 0，则为＿＿＿＿＿＿；若表示-128，则为＿＿＿＿＿＿码。

20．十进制数-75 用二进制数 10110101 表示，其表示方式是＿＿＿＿＿＿。

21．8 位二进制补码 00011001 的十进制数是＿＿＿＿＿，而 8 位二进制补码 10011001 的十进制数是＿＿＿＿＿。

22．一个含有 6 个"1"、2 个"0"的八位二进制整数原码，可表示的最大数为＿＿＿。（用十六进制表示）

第2章 计算机系统的组成

考 纲 要 求

◇ 了解计算机的发展与应用领域。

◇ 了解计算机主机的基本工作原理。

◇ 掌握计算机系统中各大部件的结构、作用及其相互关系。

历 年 考 点

	选择题	判断题	填空题
2008 年	计算机应用领域 计算机的产生和发展 计算机编程语言		计算机辅助教学
2009 年	计算机应用领域	计算机性能指标	计算机的产生及发展 系统软件中语言处理程序
2010 年	计算机的产生和发展 计算机工作原理	计算机性能指标	计算机各部件的联系 计算机的软件系统
2011 年	计算机辅助教学	计算机的工作原理	计算机的发展趋势 计算机性能指标
2012 年	计算机的产生和发展		系统软件中语言处理程序
2013 年	计算机各部件的联系		计算机应用领域 计算机的产生和发展

2.1 计算机的发展与应用领域

学习目标

1. 了解计算机的发展。
2. 了解计算机的应用领域。

内容提要

1. 计算机的产生及发展

1）计算机的产生

计算机是一种能够按照指令对各种数据和信息进行自动加工与处理的电子设备。

第一台电子计算机 ENIAC 于 1946 年在美国诞生。

2）计算机的发展

随着电子器件和软件水平的提高，计算机经历了 4 个发展阶段：

（1）第一代（1946—1958 年）是电子管计算机时代。逻辑元件是电子管，用定点数，编程语言是机器语言、汇编语言。

（2）第二代（1959—1964 年）是晶体管计算机时代。逻辑元件是晶体管，编程语言为高级语言，使用磁盘等外存。

（3）第三代（1965—1970 年）是集成电路（LSI）计算机时代。逻辑元件是中小规模集成电路，使用操作系统、具有网络雏形、编程语言出现更多的高级语言。

（4）第四代（1971 年至今）是大规模、超大规模集成电路（VLSI）计算机时代。逻辑元件是微处理器和其他芯片，出现数据库、网络软件，出现图形化的操作系统。

计算机的发展趋势：巨型化、微型化、网络化、智能化、多媒体化。

2. 计算机特点、应用领域及分类

1）计算机特点

运算速度快、计算精度高、有记忆功能、会逻辑判断、高度自动化。

2）应用领域

（1）科学计算（最早的应用，又称为数值计算）。例如，气象预报、火箭发射等。

（2）信息处理（最广泛的应用，又称为信息管理）。例如，人口普查、股市行情、办公自动化、情报检索、企业管理等。

（3）过程控制（又称为实时控制）。例如，无人工厂，数控机床等。

（4）计算机辅助系统。例如，CAD（计算机辅助设计），CAM（计算机辅助制造）、CAT（计算机辅助测试）、CAI（计算机辅助教学）、CAE（计算机辅助教育）、CAP（计算机辅助出版）。

说明 CAE 又称为计算机辅助工程。

（5）人工智能。例如，专家系统、机器翻译、定理证明、计算机国际象棋竞赛程序。

3）分类

（1）按功能和用途：通用计算机和专用计算机。

（2）按工作原理：数字计算机、模拟计算机和混合计算机。

（3）按性能规模：巨型机、大型机、中型机、小型机、微型机和单片机。

（4）按电子元件：电子管、晶体管、集成电路、大规模或超大规模集成电路计算机。

例题解析

【例 2-1-1】（江苏省单招考题 2009 年）天气预报属于（   ）方面的应用。

    A. 科学计算　　　　　B. 人工智能　　　　　C. 过程控制　　　　　D. 辅助设计

分析 天气预报、火箭发射等都属于科学计算方面的应用。

答案 A

【例 2-1-2】（江苏省单招考题 2010 年）目前，广泛使用的笔记本电脑属于（   ）。

    A. 大型机　　　　　B. 中型机　　　　　C. 小型机　　　　　D. 微型机

分析 计算机按性能规模分为巨型机、大型机、中型机、小型机、微型机、单片机等。它们的区别在于体积、复杂性、运算速度、数据存储容量、指令系统规模和机器价格的不同。

答案 D

【例 2-1-3】（江苏省单招考题 2011 年）计算机辅助教学的英文缩写是（   ）。

    A. CAD　　　　　B. CAE　　　　　C. CAI　　　　　D. CAM

分析 CAD（计算机辅助设计）、CAM（计算机辅助制造）、CAI（计算机辅助教学）、CAT（计算机辅助测试）、CAE（计算机辅助工程或计算机辅助教育）。

答案 C

【例 2-1-4】（江苏省单招考题 2012 年）采用大规模、超大规模集成电路制造的计算机属于（   ）计算机。

    A. 第一代　　　　　B. 第二代　　　　　C. 第三代　　　　　D. 第四代

分析 计算机按逻辑元件划分经历了 4 个发展阶段：第一代：电子管计算机；第二代：晶体管计算机；第三代：集成电路（LSI）计算机；第四代：大规模、超大规模集成电路（VLSI）计算机。

答案 D

【例 2-1-5】（   ）世界上公认的第一台计算机是 ENIAC，1946 年在美国诞生。

分析 世界上公认的第一台电子计算机"埃尼阿克"（英文缩写为 ENIAC），1946 年 2 月在美国诞生。在电子计算机出现之前，人们已经研制出各种计算工具，包括算盘、机械式计算机系统、机电式计算机系统，可以肯定的是很早就有计算机了。

答案 错

【例 2-1-6】（江苏省单招考题 2011 年）计算机的发展趋势：巨型化、微型化、_____和智能化。

分析 计算机的发展趋势：巨型化、微型化、网络化、智能化。

答案 网络化

【例 2-1-7】（江苏省单招考题 2013 年）在全国第五次人口普查工作中，利用计算机对人口普查资料进行分类，这属于计算机的_____应用领域。

分析 信息处理是最广泛的应用，又称为信息管理，应用领域有人口普查、股市行情、办公自动化、情报检索、企业管理等。

答案 信息处理

巩固练习

一、单项选择题

1．（江苏省单招考题 2010 年 B）手写笔录入是计算机在（　　）方面的应用。

    A．科学计算　　　　　B．信息处理　　　　　C．过程控制　　　D．人工智能

2．第一台电子计算机 ENIAC 所用的主要元件是（　　）。

    A．晶体管　　　　　　　　　　　　　　B．电子管

    C．集成电路　　　　　　　　　　　　　D．大规模、超大规模集成电路

3．计算机的发展趋势之一是（　　）。

    A．标准化　　　　B．巨型化　　　　C．自动化　　　　D．结构化

4．许多企事业单位现在都使用计算机计算、管理职工工资，属于计算机在（　　）方面的应用。

    A．科学计算　　　　　B．信息处理　　　　　C．过程控制　　　D．辅助工程

5．机器人技术属于计算机在（　　）方面的应用。

    A．过程控制　　　　　B．信息处理　　　　　C．科学计算　　　D．人工智能

6．计算机应用最广泛的领域是（　　）。

    A．过程控制　　　　　B．信息处理　　　　　C．科学计算　　　　D．人工智能

7．计算机和计算器最根本的区别在于前者（　　）。

    A．具有记忆功能　　　　　　　　　　　B．存储容量大

    C．速度快　　　　　　　　　　　　　　D．具有逻辑判断能力

8．人们能通过自己的电脑登录到其他计算机访问资源，这体现了（　　）。

    A．网络化　　　　B．智能化　　　　C．巨型化　　　　D．微型化

9．世界上第一台电子计算机诞生于（　　）。

    A．19 世纪　　　　B．1946 年　　　　C．1971 年　　　D．20 世纪 70 年代

10．CAT 是计算机应用的一个重要领域，它的含义是（　　）。

    A．计算机辅助设计　　　　　　　　　　B．计算机辅助测试

    C．计算机辅助教学　　　　　　　　　　D．计算机辅助制造

二、判断题

11. （　　） 计算机的发展方向是巨型化、微型化、网络化、智能化，其中，"巨型化"是指计算机体积大、重量重。

12. （　　） 计算机在财务管理中的应用属于科学计算。

13. （　　） 计算机最早的应用领域是信息处理。

14. （　　） 计算机网络出现于计算机发展的第四代。

15. （　　） ENIAC 诞生于英国。

16. （　　） 第二代计算机使用的电子元件是晶体管。

17. （　　） 计算机飞速发展的根本动力是计算机的广泛应用。

18. （　　） 目前的计算机采用超大规模集成电路。

19. （　　） 计算机发展经历了四代，划分的主要根据是计算机的运算速度。

20. （　　） 在计算机的应用领域中，会计电算化属于科学计算应用方面。

三、填空题

21. 计算机辅助制造的英文简写是＿＿＿＿＿＿＿＿＿＿ 。

22. 在计算机的用途中，在 ＿＿＿＿＿＿＿ 领域上的应用比例最大。

23. 按 ＿＿＿＿＿＿＿＿＿＿分，可将计算机分为通用计算机和专用计算机。

24. 专家系统属于计算机在 ＿＿＿＿＿＿＿＿方面的应用。

25. 第三代计算机采用的主要逻辑元件是 ＿＿＿＿＿＿＿＿ 。

26. 超市的收银系统属于计算机在 ＿＿＿＿＿＿＿＿ 方面的应用。

27. 微型计算机的发展以＿＿＿＿＿＿＿技术为指标。

28. 我们常见的计算机是＿＿＿＿＿＿计算机。（填数字、混合或模拟）

29. 将有关数据加以分类、统计、分析，以取得有利用价值的操作称为＿＿＿＿＿＿＿ 。

2.2　计算机系统中各大部件的结构、作用及其相互关系

学习目标

1. 掌握计算机系统中各大部件的结构及作用。
2. 掌握计算机系统中各大部件的相互关系。

内容提要

1. 计算机系统的组成

计算机系统=硬件系统+软件系统。

1）计算机硬件系统的基本组成

计算机的硬件系统由五大部分组成，即运算器、控制器、存储器、输入设备和输出设备。存储器主要指内存储器，其他四大部分都与存储器直接相连接。因此，内存储器是计算机硬件

系统的中心。

按照功能组合，计算机硬件系统的组成如图 2-1 所示。

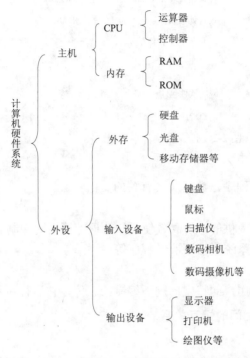

图 2-1　计算机硬件系统组成图

（1）运算器：又称为算术逻辑部件（ALU），由算术运算部件、逻辑运算部件组成，用来进行算术运算、逻辑运算和移位操作等。

（2）控制器：是计算机的指挥中心，协调其他部件之间的有序运行。

说明 在微型计算机中，运算器、控制器等称为中央处理器（CPU）。

（3）存储器：分为内存存储器（简称内存）和外存存储器（简称外存）。

① 内存：存放正在执行的程序和正在处理的数据。

② 外存：保存暂时不用的程序和数据。

说明 内存与外存相比有如下几项。

① 内存的特点是存取速度快、价格高、容量比较小；外存的特点是存取速度慢、价格低、容量可以很大。

② 内存是主机的组成部件，外存是计算机的外围设备。硬盘、光盘等外存既是输入设备，又是输出设备。

（4）输入设备：将程序、数据等输入计算机内存中，输入时信息转换成计算机可识别、处理和存储的信息。

（5）输出设备：将计算机的处理结果从内存中输出，输出时转换成外界可识别的信息。

2）计算机软件系统的基本组成

计算机软件系统由系统软件和应用软件组成，如图 2-2 所示。

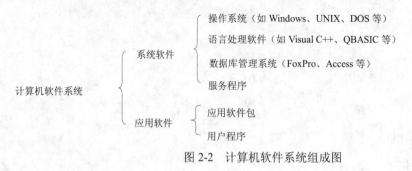

图 2-2　计算机软件系统组成图

（1）软件的定义

软件是指计算机运行所需的程序、数据及其有关的文档资料。

（2）系统软件的定义

系统软件是由计算机生产商提供的，为高效使用和管理计算机而编制的软件，包括操作系统、程序设计语言、数据库管理系统、诊断服务程序等。

（3）应用软件的定义

应用软件是指为解决计算机用户的特定问题而编制的软件，它运行在系统软件之上。

2．计算机系统中各大部件之间的相互关系

1）计算机硬件、软件间的关系

硬件是计算机工作的物质基础，所有软件工作在硬件之上。硬件和软件相互支持、协同工作。若没有硬件，软件将无所依附；若没有软件，硬件将无法发挥其功能。

硬件和软件在逻辑功能上是等价的。

2）计算机系统的层次结构

（1）第四层为应用软件。

（2）第三层为其他系统软件。

（3）第二层为操作系统。

（4）第一层为计算机硬件系统。

例题解析

【例 2-2-1】下列既是输入设备又是输出设备的是（　　）。

　　A．鼠标　　　　　　　　B．键盘　　　　　　　　C．绘图仪　　　　　　　　D．触摸屏

分析 触摸屏既可以显示信息也可以手写输入。硬盘等外存储设备是典型的输入设备又是输出设备。

答案 D

【例 2-2-2】（镇江一模试题 2009 年）摄像头属于（　　）。

　　A．输入设备　　　　　　B．输出设备　　　　　　C．存储设备　　　　　　D．通信设备

分析 摄像头、数码相机、数码摄像机都是目前计算机常用的输入设备。

答案 A

【例 2-2-3】（江苏省单招考题 2010 年 B）一台完整的计算机系统包括（   ）。

    A．运算器、控制器和存储器   B．主机和外部设备

    C．CPU、存储器和输入/输出设备   D．硬件系统和软件系统

分析 一台完整的计算机系统包括硬件系统和软件系统两部分。

答案 D

拓展与变换 计算机中"裸机"是什么样的计算机？

【例 2-2-4】（江苏省单招考题 2013 年）计算机的硬件系统至少应包含存储器、输入设备、输出设备和（   ）。

    A．运算器   B．控制器   C．中央处理器   D．主机

分析 计算机的硬件系统包含 5 个基本部分，即运算器、控制器、存储器、输入设备和输出设备。其中，运算器和控制器构成计算机的中央处理器（CPU）。

答案 C

【例 2-2-5】（   ）C 语言是系统软件。

分析 计算机语言用于编写软件，它本身不是软件。C 语言是一种计算机高级语言，同样不是软件，当然更不会是系统软件。当然，C 语言编写的程序需要使用编译程序翻译成机器指令代码，这里的编译程序是一种语言处理软件。如 Visual C++是一个编译程序的产品，它是软件。

答案 错

【例 2-2-6】（江苏省单招考题 2010 年）计算机软件一般可分为系统软件和应用软件两类，C 语言编译程序属于_____软件

分析 计算机软件一般可分为系统软件和应用软件两类。其中，系统软件包括操作系统（DOS、UNIX、Windows 等）、语言处理软件（QBASIC、C、C++、Java 语言等）、数据库管理系统（FoxPro、Access 等）、服务程序。C 语言编译程序是语言处理软件，所以它属于系统软件。

答案 系统

【例 2-2-7】（常州一模试题 2013 年）计算机的 CPU 是由运算器和_____组成的。

分析 中央处理器（CPU）由运算器和控制器组成。

答案 控制器

巩固练习

一、单项选择题

1．最基本的输入设备是（   ）。

    A．鼠标   B．键盘   C．扫描仪   D．显示器

2．在下列软件中，不属于系统软件的是（　　）。

    A．编辑软件　　　　B．诊断程序　　　　C．编译程序　　　　D．操作系统

3．下列属于计算机非输入设备的是（　　）。

    A．键盘　　　　　　　　　　　　　　　　B．鼠标

    C．绘图仪　　　　　　　　　　　　　　　D．条形码阅读器

4．（　　）是用于将计算机信息处理的结果转换成外界能够接受和识别信息的设备。

    A．输出设备　　　　B．输入设备　　　　C．数据通信设备　　　　D．打印机

5．对计算机系统的软、硬件资源进行管理，方便用户操作的是（　　）。

    A．用户程序　　　　　　　　　　　　　　B．语言处理程序

    C．数据库管理系统　　　　　　　　　　　D．操作系统

6．下列说法中正确的是（　　）。

    A．只有软件的计算机称为"裸机"

    B．所有软件中最基础最重要的软件是操作系统

    C．软件是硬件工作的基础，硬件必须在软件的基础上进行工作

    D．计算机硬件结构包括控制器、运算器、内存、输入设备和输出设备

7．下列说法正确的是（　　）。

    A．内存可与 CPU 直接交换信息，与外存相比，存取速度慢、单位价格便宜

    B．内存可与 CPU 直接交换信息，与外存相比，存取速度快、单位价格贵

    C．RAM 和 ROM 在断电后都不能保存信息

    D．硬盘可永久保存信息，它是计算机的主存

8．运算器可以作（　　）运算。

    A．加、减、乘、除　　　　　　　　　　　B．算术和逻辑运算

    C．或运算、与运算　　　　　　　　　　　D．数值运算

9．下列关于软件和硬件的说法中，正确的是（　　）运算。

    A．软件和硬件相互独立　　　　　　　　　B．硬件和软件相互依存

    C．没有盖子的计算机称为裸机　　　　　　D．软件的发展和硬件无关

10．下列不属于计算机系统软件的是（　　）。

    A．DOS　　　　　　B．Windows XP　　　　C．Vista　　　　D．Photoshop

二、判断题

11．（　　）操作系统是计算机系统中最低层的软件，它常放在内存中。

12．（　　）主机是由中央处理器和存储器组成的。

13．（　　）一个计算机系统可以没有软件系统的支持。

14．（　　）操作系统的主要功能是控制和管理计算机系统资源。

15．（　　）计算机常用的输入设备有扫描仪、键盘、鼠标、数码相机等。

16．（　　）硬盘是计算机的外部设备。

17．（　　）没有系统软件的支持，应用软件无法工作。

18．（　　）软件是用户与计算机硬件之间的桥梁。

19．（　　）算术运算由运算器完成，逻辑运算由控制器完成。

20．（　　）CAI 软件属于系统软件。

三、填空题

21. 计算机硬件包含 CPU、＿＿＿＿＿＿＿、输入设备和输出设备。

22. 程序、数据及其相关文档称为 ＿＿＿＿＿＿。

23. 计算机系统的层次结构中，位于硬件之外的所有层次统称为＿＿＿＿＿。

24. 专门为解决某个应用领域中的具体任务而编写的软件称为 ＿＿＿＿＿＿。

25. 计算机硬件系统中各部件之间传输的信息流是数据流和 ＿＿＿＿＿＿。

26. 主机包括 CPU 和＿＿＿＿＿＿。

27. 直接运行在裸机上的最基本的系统软件是＿＿＿＿＿＿。

28. 最基本的输出设备是＿＿＿＿＿＿。

2.3 计算机主机的基本工作原理

学习目标

1. 了解计算机主机的基本工作原理。
2. 了解计算机的主要性能指标。

内容提要

1．计算机的工作原理

1）冯·诺依曼原理

存储程序控制原理是 1946 年由美籍匈牙利数学家冯·诺依曼提出的，所以又称为"冯·诺依曼原理"。该原理确立了现代计算机的基本组成的工作方式，直到现在，计算机的设计与制造依然沿袭着"冯·诺依曼"体系结构。计算机的工作原理如图 2-3 所示。

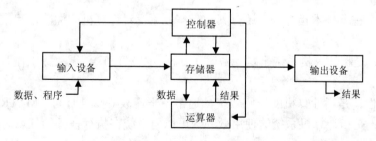

图 2-3 计算机工作原理图

2）存储程序控制原理的基本内容

（1）采用二进制形式表示数据和指令。

（2）将程序（数据和指令序列）预先存放在主存储器中（程序存储），使计算机在工作时能够自动高速地从存储器中取出指令，并加以执行（程序控制）。

（3）由运算器、控制器、存储器、输入设备、输出设备五大基本部件组成计算机硬件体系结构。

3）计算机工作过程

第一步：将程序和数据通过输入设备送入存储器。

第二步：启动运行后，计算机从存储器中取出程序指令送到控制器去识别，分析该指令要做什么事。

第三步：控制器根据指令的含义发出相应的命令（如加法、减法），将存储单元中存放的操作数据取出送往运算器进行运算，再把运算结果送回存储器指定的单元中。

第四步：当运算任务完成后，就可以根据指令将结果通过输出设备输出。

2．计算机的主要性能指标

1）主频

主频是指计算机 CPU 的时钟频率。主频单位常用的是 MHz（兆赫兹）。主频的大小在很大程度上决定了计算机运算速度的快慢，主频越高，计算机的运算速度就越快。

2）字长

字长直接关系到计算机的计算精度和速度。字长越长，能够表示的有效位数越多，计算机处理数据的速度越快，处理能力越强。

3）内存容量

内存容量通常是指随机存储器（RAM）的容量，其大小反映了计算机即时存储信息的能力。内存容量越大，系统功能就越强大，能处理的数据量就越大。

4）运算速度

运算速度是指计算机每秒钟能执行多少条指令。运算速度的单位用 MIPS（百万条指令/秒）。由于执行不同的指令所需的时间不同，因此，运算速度有不同的计算方法。现在多用各种指令的平均执行时间及相应指令的运行比例来综合计算运算速度，即用加权平均法求出等效速度，作为衡量计算机运算速度的标准。

5）存取周期

存取周期是指对存储器进行一次完整的存取（即读/写）操作所需的时间，即存储器进行连续存取操作所允许的最短时间间隔。存取周期越短，则存取速度越快。存取周期的大小影响计算机运算速度的快慢。

除了上述 5 个主要技术指标外，还有其他一些因素，对计算机的性能也起重要作用，如下所示：

（1）可靠性：是指计算机系统平均无故障工作时间（MTBF）。无故障工作时间越长，系统就越可靠。

（2）可维护性：是指计算机的维修效率，通常用平均故障修复时间（MTTR）来表示。

（3）可用性：是指计算机系统的使用效率，可以用系统在执行任务的任意时刻所能正常工作的概率来表示。

（4）外存容量：通常是指硬盘容量（包括内置硬盘和移动硬盘）。外存储器容量越大，可存储的信息就越多，可安装的应用软件就越丰富。

（5）兼容性：兼容性强的计算机，有利于推广应用。

（6）性能价格比：这是一项综合性评估计算机系统的性能指标。性能包括硬件和软件的综合性能，价格是整个计算机系统的价格，与系统的配置有关。

例题解析

【例2-3-1】（江苏省单招考题 2010 年）冯·诺依曼结构的计算机其工作原理一般都基于（　　）原理。

  A．布尔代数　　　　　　　　　　　B．二进制

  C．开关电路　　　　　　　　　　　D．存储程序与程序控制

分析 计算机的工作原理是存储程序控制，分为两部分内容：存储程序和程序控制，首先将编好的程序存储在存储器中，然后计算机在事先编好的程序控制下按照一定的顺序执行。

答案 D

【例2-3-2】下列指标中，对计算机性能影响相对较小的是（　　）。

  A．字长　　　　　B．运算速度　　　　C．内存容量　　　　D．硬盘容量

分析 计算机的性能指标主要有主频、字长、内存容量、运算速度、存取周期等。

答案 D

【例2-3-3】平均无故障时间（MTBF）用来表示计算机（　　）性能指标。

  A．性能价格比　　　　B．存储容量　　　　C．可靠性　　　　D．可维护性

分析 计算机的性能指标中用平均无故障时间（MTBF）来表示可靠性。用平均故障修复时间（MTTR）来表示可维护性。

答案 C

【例2-3-4】（　　）（江苏省单招考题 2010 年）计算机的运算速度 MIPS 是指每秒钟能执行几百万条高级语言的语句。

分析 计算机的运算速度 MIPS 是指每秒钟所能执行的指令条数。

答案 错

【例2-3-5】（　　）计算机内部指令和数据的存储形式是一致的。

分析 冯·诺依曼型计算机是在二进制基础上工作的，无论是指令或数据，其存储形式都是二进制。

答案 对

【例2-3-6】在计算机技术指标中，_____决定了计算机的运算精度。

分析 计算机的字长与计算机的功能和用途有很大的关系，是计算机的一个重要技术指标。字长直接反映了一台计算机的计算精度。在其他指标相同时，字长越大计算机的处理数据的速度就越快。早期的计算机字长一般是 8 位和 16 位，386 及更高的处理器大多是 32 位。目前，市面上的计算机的处理器大部分已达到 64 位。

答案 字长

拓展与变换 计算机的字长由什么决定的？

巩固练习

一、单项选择题

1. 目前，电子计算机的工作原理一般基于（　　）。
    A. 算术运算
    B. 复杂指令集
    C. 精简指令集
    D. 存储程序和程序控制

2. 冯·诺依曼计算机系统的基本特点是（　　）。
    A. 堆栈操作
    B. 多指令流单数据流运行
    C. 存储器按地址存放
    D. 指令按地址访问并且顺序执行

3. 下列不属于计算机中采用二进制数的原因的是（　　）。
    A. 二进制数的，运算规则简单
    B. 二进制数的位数较多，难以表示
    C. 使用二进制数可以节省设备
    D. 使用二进制数可以利用机器结构的简化

4. 计算机开机时最初执行的程序位于（　　）。
    A. 硬盘
    B. 软盘
    C. ROM
    D. RAM

5. 主机中（　　）负责对指令进行译码。
    A. 指令寄存器
    B. 运算器
    C. 控制器
    D. 存储器

6. 提出现代计算机工作原理的是（　　）。
    A. 乔治·布尔
    B. 艾仑·图灵
    C. 冯·诺依曼
    D. 莫奇莱

7. 计算机之所以能自动进行工作，主要是因为采用了（　　）。
    A. 二进制数
    B. 高速电子元器件
    C. 程序设计语言
    D. 存储程序控制

8. 有关对计算机字长的描述，错误的是（　　）。
    A. 字长是固定的，字长数就是字节数
    B. 字长越长，计算机所能达到的精度越高
    C. 计算机的字长指的是一次处理的二进制数位数
    D. 计算机的字长就是其 CPU 的数据总线宽度

9. 用 MIPS 来衡量的计算机的性能指标是（　　）。
    A. 处理能力
    B. 存储容量
    C. 可靠性
    D. 运算速度

二、判断题

10. （　　）计算机的安全性和可靠性是两个不同的概念。

11. （　　）在计算机中，为了区别指令和数据，前者用二进制表示，后者用十进制表示。

12. （　　）某计算机的主频是 100 MHz，说明该计算机的运算速度是 100 MIPS。

13. （　　）计算机的运算速度指 CPU 的运算速度，与内存无关。

14. （　　）计算机中的所有信息仍以二进制方式表示是物理器件性能决定。

15. （　　）现代计算机的工作原理一般都基于"冯·诺依曼"的存储程序控制思想。

16. （　　）现代计算机是以存储器为中心的结构性。

三、填空题

17. 现代计算机的工作原理是 _____ 和程序控制。

18. 用平均故障修复时间（MTTR）来表示计算机的_____性能指标。

19. 程序的运行过程由取指令、分析指令和 _____ 指令组成。

20. 每秒执行百万条指令的英文缩写是_____。

21. 现在的计算机大都是按 _____体系结构来设计的。

22. 在计算机内部，一切信息均采用 _____表示。

第 3 章　中央处理器

考纲要求

◇　了解 CPU 各组成部分的功能。
◇　了解指令周期的概念。
◇　了解一些典型的 CPU 技术。

历年考点

	选择题	判断题	填空题
2008 年		程序计数器 机器周期	指令寄存器 CPU 时钟周期
2009 年	指令寄存器	RISC 和 CISC	MIPS 的含义
2010 年	指令周期 程序计数器 PC	MIPS、ALU 指令寄存器 节拍脉冲	
2011 年	控制器的组成 运算器的功能	累加器	指令周期的概念
2012 年	程序计数器	ALU 的功能	状态标志寄存器
2013 年	程序计数器 时序控制方式	流水线技术	

3.1 CPU 的功能及组成

学习目标

1. 理解 CPU 的功能和组成。
2. 了解 Cache 及其作用。
3. 理解 ALU 和主要寄存器的功能。

内容提要

1. CPU 的功能

中央处理器（CPU）又称为微处理器，是计算机的核心部件。CPU 的功能就是控制各部件协调工作。功能主要有 4 个方面：

（1）指令控制：程序的顺序控制，它控制指令严格地按程序设定的顺序进行。保证机器按顺序执行程序是 CPU 的首要任务。

（2）操作控制：控制计算机中若干个部件协同工作，CPU 产生操作信号传给被控制部件，并能检测其他部件发送来的信号，是协调各个工作部件按指令要求完成规定任务的基础。

（3）时间控制：对各种操作实施时间上的定时。只有严格执行时间控制，才能保证各功能部件组合构成有机的计算机系统。

（4）数据加工：对数据进行算术运算或逻辑运算，以及其他非数值数据（如字符、字符串）的处理。完成数据的加工处理是 CPU 的根本任务。

注意 要能正确理解、区分 CPU 的"三控制一加工"。

2. CPU 的组成

传统的 CPU 由集成在一片集成电路上的运算器和控制器两部分组成。随着集成技术的发展，CPU 由运算器、控制器、Cache 三大部分组成。

1）运算器

运算器主要包括算术逻辑运算单元 ALU、累加器 ACC、状态寄存器 PSW、通用寄存器组。

（1）算术逻辑运算单元 ALU：是运算器的核心，作用是算术运算、逻辑运算、移位操作等。

注意 ALU 能够处理数据的位数与机器的字长，一般是相等的。

（2）累加器 ACC：向 CPU 提供一个操作数，存放运算结果或暂存中间结果。

注意 一个 ALU 中至少有一个累加器。

（3）状态寄存器 PSW：保存各类指令的状态结果，为后继指令的提供判断条件，有时也称为标志寄存器。一般设置零标志位 Z、符号标志位 N、溢出标志位 V、进位或借位标志位 C。运算结果为 0 时，Z 位置 1，结果非 0，Z 清 0。

（4）通用寄存器组：作用是保存参加运算的操作数和运算结果，包括 8 个 16 位的通用寄存器：AX、BX、CX、DX、SP、BP、SI、DI。寄存器是计算机中存取速度最快的存储器件。

2）控制器

控制器是协调和指挥整个计算机系统工作的决策机构。控制器主要由程序计数器 PC、指令寄存器 IR、指令译码器 ID、时序发生器、操作控制器等组成。

（1）程序计数器 PC：用来保存下一条要执行指令的地址。

（2）指令寄存器 IR：用来保存正在执行的指令。

（3）指令译码器 ID：分析指令的操作码来决定操作的性质和方法。

（4）时序发生器：计算机系统中产生周期节拍、脉冲等时序信号的部件。

（5）操作控制器：产生各种操作控制信号，以便在各寄存器间建立数据通路。

3）高速缓冲存储器

高速缓冲存储器（Cache）是用于解决内存与 CPU 速度不匹配问题。

4）其他

（1）协处理器 FPU：提高 CPU 的浮点运算能力，包含协处理器 FPU。

（2）数据缓冲寄存器 DR：暂存由内存中读出或写入的指令或数据。

（3）地址寄存器 MAR：存放当前 CPU 访问的内存单元或 I/O 端口的地址，是 CPU 与内存或外设间的地址缓冲寄存器。

例题解析

【例 3-1-1】（镇江一模 2009 年）微型计算机的发展主要以（　　）技术为标志。

  A．操作系统   B．微处理器   C．软件   D．磁盘

分析 计算机的核心部件是中央处理器或微处理器，微型计算机的发展是根据 CPU 划分的。

答案 B

【例 3-1-2】（江苏省单招考题 2009 年）正在执行的指令存储在（　　）中。

  A．算术逻辑单元 B．累加器   C．指令寄存器   D．程序计数器

分析 指令寄存器存放当前指令，程序计数器存放下一条指令的地址，累加器是为算术逻辑单元提供一个操作数。

答案 C

【例 3-1-3】（江苏省单招考题 2011 年）下列不属于控制器组成部件的是（　　）。

  A．状态寄存器   B．指令译码器

  C．指令寄存器   D．程序计数器

分析 四个答案中只有状态寄存器是属于运算器的，状态寄存器又称标志寄存器，是存放运算结果状态的寄存器。

答案 A

拓展与变换 下列（　　）不是控制器的组成部分？

A．程序计数器　　　　B．指令寄存器　　　　C．指令译码器　　　　D．寄存器组

【例 3-1-4】（江苏省单招考题 2011 年、2013 年）在 CPU 中，用于存放运算结果溢出标志的是（　　）。

A．程序计数器　　　　　　　　　　　　B．地址寄存器

C．指令寄存器　　　　　　　　　　　　D．状态寄存器

分析 状态寄存器中，一般设置零标志位 Z、符号标志位 N、溢出标志位 V、进位或借位标志位 C。

答案 D

拓展与变换 ＿＿＿＿＿＿＿寄存器用于保存算术指令、逻辑运算指令及各类测试指令的状态。CPU 中有一个标志寄存器是专门用于存放运算结果的特征位。

【例 3-1-5】PC 的主机包括（　　）。

A．CPU 和总线　　　　　　　　　　　　B．CPU 和主存

C．CPU、主存和总线　　　　　　　　　D．CPU、主存和外设

分析 计算机的硬件系统分为五部分：运算器、控制器、存储器、输入设备和输出设备。其中，运算器和控制器合称为 CPU（中央处理器），存储器又分为主存（内存）和辅存（外存），PC 的主机是 CPU 和主存（内存）的合称。

答案 B

【例 3-1-6】当前指令在内存中占 2 个字节，PC 的值为 2004，则指令执行结束后 PC 的值为（　　）。

A．2004　　　　　　B．2006　　　　　　C．2008　　　　　　D．2010

分析 PC 程序计数器的作用是指向下一条指令的地址。因为当前指令地址是 2004，当前指令占 2 个字节，所以 2004+2=2006，下面图示可帮助更好地理解。

……	xxxx xxxx
2007	xxxx xxxx
PC→　2006	xxxx xxxx
2005	xxxx xxxx
→　2004	xxxx xxxx
……	xxxx xxxx

答案 B

拓展与变换 当前指令在内存中占 4B，PC 值为 2004，则指令执行结束后 PC 的值为多少？

【例 3-1-7】（　　）累加器仅具有累加的功能。

分析 累加器是运算器中的一个寄存器，它不仅用于存放参加运算的数据，也经常用于存放运算的结果。而累加功能属于算术运算，是运算器的功能。

答案 错

拓展与变换 在计算机中设置寄存器的目的是提高 CPU 的运行速度。这个说法是否正确？

【例 3-1-8】算术逻辑单元简称＿＿＿＿＿＿＿＿。

分析 算术逻辑单元简称 ALU，是运算器的核心，其主要功能是对二进制数据进行定点算术运算、逻辑运算和各种移位操作。

答案 ALU

拓展与变换 以下说法是否正确？

（1）ALU 的功能是算术运算和逻辑运算。（　　　　）

（2）CPU 的数据加工仅指算术运算。（　　　　）

巩固练习

一、单项选择题

1．（江苏省单招考题 2011 年）运算器的主要功能是（　　　　）。

    A．算术运算   B．逻辑运算   C．算术和逻辑运算   D．移位运算

2．下列不是 CPU 的功能的是（　　　　）。

    A．指令控制   B．时间控制   C．数据加工   D．输入数据

3．下列是运算器的组成部分的是（　　　　）。

    A．程序计数器   B．指令寄存器   C．指令译码器   D．寄存器组

4．加法运算的进位位存放在（　　　　）中。

    A．状态标志寄存器   B．程序计数器   C．数据缓冲器   D．累加器

5．高速缓冲存储器简称为（　　　　）。

    A．ROM   B．RAM   C．Cache   D．CAM

6．能够区分某寄存器中存放的是数值还是地址的，只有计算机的（　　　　）。

    A．译码器   B．指令   C．时序信号   D．判断程序

7．计算机中用于保存正在运行的程序和数据的是（　　　　）。

    A．指令寄存器   B．程序计数器   C．数据缓冲寄存器   D．内存

8．计算机中的算术逻辑运算单元是（　　　　）。

    A．运算器   B．控制器   C．存储器   D．寄存器

9．下列不属于 CPU 的型号的是（　　　　）。

    A．186   B．286   C．386   D．586

10．CPU 数字协处理器的作用是（　　　　）。

    A．提高 CPU 的运算速度   B．降低 CPU 工作电压

    C．提高 CPU 定点运算能力   D．提高 CPU 的浮点运算能力

11．内存中的指令，一般先到数据缓冲寄存器，再送到（　　　　）。

    A．指令计数器   B．指令寄存器   C．指令译码器   D．微程序控制器

12．（江苏省单招考题 2010 年 B）程序计数器（PC）的功能是（　　　　）。

    A．存放下一条指令的地址   B．存放正在执行的指令地址

    C．统计每秒钟执行指令的数目   D．对指令进行译码

13. 衡量运算器的运算速度的重要指标是（   ）。

    A．MBPS   B．MHz   C．GB   D．MIPS

14. 保证计算机内各功能组合构成有机的计算机系统体现了 CPU 的（   ）功能。

    A．指令控制   B．操作控制   C．时间控制   D．数据加工

15. 计算机中不能直接与 CPU 交换数据的是（   ）。

    A．Cache   B．外存   C．寄存器   D．主存

16. CPU 内部有一组寄存器，增加内部寄存器的目的不包括（   ）。

    A．缩短指令的长度和指令执行时间   B．减少 CPU 的取指次数

    C．提高机器的运算速度   D．可避免频繁地访问存储器

17. 下列不是 CPU 的组成部分是（   ）。

    A．ALU   B．RAM

    C．指令寄存器   D．指令指针寄存器

18. 下列叙述中正确的是（   ）。

    A．PC 的值可以明确告诉 CPU 执行的顺序

    B．PC 的值始终加 1 指向下一条要执行的指令

    C．PC 中可以存放指令地址，也可以存放指令

    D．PC 的值可以确定操作数的地址

19. （   ）是计算机硬件的核心部件。

    A．键盘   B．RAM   C．CPU   D．显示器

二、判断题

20. （   ）（江苏省单招考题 2010 年）计算机的运算速度 MIPS 是指每秒钟能执行几百万条高级语言的语句。

21. （   ）（江苏省单招考题 2010 年 B）ALU 的主要功能是进行算术运算和各种移位操作。

22. （   ）（江苏省单招考题 2011 年）累加器是一个具有累加功能的通用寄存器。

23. （   ）（江苏省单招考题 2012 年）算术逻辑部件 ALU 的功能是对二进制数进行算术运算。

24. （   ）地址寄存器用来保存 CPU 当前所要访问的主存单元或 I/O 端口的地址。

25. （   ）累加器是一个具有加法运算功能的寄存器。

26. （   ）CPU 有了内部的通用寄存器组，可以提高机器的运行速度。

27. （   ）一个算术逻辑运算单元中至少包含一个累加器。

28. （   ）CPU 能直接读取各类存储器中的数据。

29. （   ）计算机的运算速度指 CPU 的运算速度，与内存无关。

30. （   ）计算机的主频是 100 MHz，说明该计算机的运算速度是 100 MIPS。

31. （   ）关系运算属于逻辑运算。

32. （   ）保证机器按顺序执行程序是 CPU 的首要任务。

33. （   ）程序计数器具有自动加 1、减 1 的功能。

34. （   ）累加器主要完成累加操作但不可以存放运算结果或中间结果。

35. （   ）程序计数器又称为指令指针寄存器，用于存放当前执行的指令。

36. （   ）Pentium4 处理器中集成了一级缓存 L1 和二级缓存 L2。

三、填空题

37. （江苏省单招考题 2012 年）当运算结果为 0 时，状态寄存器的 Z 标志位被置为_____（填 0 或 1）。

38. CPU 控制指令严格按程序设定的先后顺序执行称为 CPU 功能中的_____。

39. _____为算术逻辑单元提供一个操作数，并用来保存操作的结果。

40. 如果某 CPU 的指令为 4 个字节指令，则顺序执行一条指令后，PC 的值将增加_____。

41. _____用来暂时存放 CPU 从主存读取的一条指令字或一个数据字。

42. 在中央处理器中存在的少量存储单元称为_____。

43. CPU 中用来提高浮点运算能力的部件是_____。

44. （江苏省单招考题 2009 年）英文符号 MIPS 表示的中文含义是_____。

45. Cache 主要用于解决内存与_____速度不匹配的问题。

46. 控制器主要由_____、_____、_____、时序产生器和操作控制器等部件组成。

47. 当前所要访问的主存单元地址的部件是_____。

48. 微处理器是组成计算机的核心部件，即将_____和控制器及有关辅助电路采用大规模集成电路工艺做在单个硅片上。

49. _____用来对指令的操作码进行分析、解释，并将产生的相应控制信号送入时序控制信号形成部件。

50. CPU 的根本任务是_____。

51. 指令寄存器的英文缩写为_____。

3.2　指令周期

学习目标

1. 了解时序的概念。
2. 理解和区分两种时序控制方式。
3. 理解和区分指令周期、CPU 工作周期、时钟周期。

内容提要

1. 时序

1）时序的概念

时序是指计算机的时间控制。

计算机的工作过程是执行指令的过程，指令的执行过程是按时间顺序进行的，即计算机的工作过程都是按时间顺序进行的。

2）时序控制方式

时序控制方式分为同步控制方式与异步控制方式两大类。

（1）同步控制方式

各项操作与统一的时序信号同步。优点：时序关系比较简单，控制部件在结构上易于集中，设计方便；缺点：在时间安排上不经济。这种方式常用于 CPU 内部。

（2）异步控制方式

各项操作按其需要选择不同长度的时间，不受统一的时钟周期约束，各项操作之间的衔接与各部件之间的信息交换采取应答方式。优点：时间紧凑，能按不同部件、设备的实际需要分配时间；缺点：实现异步控制比较复杂。

说明 应答方式是指当控制器发出进行某一微操作控制信号后，等待执行部件完成此操作后发回的"回答"信号或"结束"信号，再开始新的微操作，称为异步控制方式。

2．指令周期

1）时钟周期

时钟周期是指时钟脉冲的重复周期，是计算机主频的倒数，又称为节拍。每个时钟周期完成一步操作，如一次传送、加等。这是时序系统中最基本的时间分段。时钟周期的单位是时间单位：秒（s）。

例如，某计算机的主频是 100 MHz，则该计算机的时钟周期是 10 ns。

换算思路：（1）时钟周期是主频的倒数。

（2）$1/（100\ MHz）=1/（100\ M/s）=1/（100*10^6）s=1/10^8s=10^{-8}s=10*10^{-9}s=10\ ns$

说明 这里的 $1\ MHz=10^6$，而 $1\ MB=2^{20}B$，换算因子不同。

2）CPU 工作周期

CPU 工作周期：是计算机完成一个基本操作所需要的时间，简称工作周期，又称为机器周期。一个工作周期一般由若干个时钟周期组成。按 CPU 的基本操作，可以分为取指周期、执行周期。

3）指令周期

指令周期：是从一条指令的读取开始时刻，到指令执行结束时刻，这一段时间间隔称为指令周期。

注意 按照周期时间由长到短排列为指令周期>机器周期>时钟周期。

4）四类典型的指令

（1）非访内指令　（需要 2 个 CPU 工作周期，取指 1 个，执行 1 个）。

（2）直接访内指令（需要 3 个 CPU 工作周期，取指 1 个，执行 2 个）。

（3）间接访内指令（需要 4 个 CPU 工作周期，取指 1 个，执行 3 个）。

（4）程序控制指令（需要 2 个 CPU 工作周期，取指 1 个，执行 1 个）。

注意 不同类型的指令，其指令周期的长短可以不同。一条指令的执行至少需要两个 CPU 工作周期，第 1 个 CPU 工作周期为取指周期，其他为执行周期。

例题解析

【例 3-2-1】（江苏省单招考题 2010 年）CPU 每进行一次操作，都要有时间开销。下列几种周期按由短到长排列的是（　　）。

  A．时钟周期、CPU 周期、指令周期 B．CPU 周期、指令周期、时钟周期

  C．指令周期、CPU 周期、时钟周期 D．CPU 周期、时钟周期、指令周期

分析 指令周期至少由 2 个 CPU 工作周期组成，CPU 工作周期由若干个时钟周期组成，时钟周期是最短的周期。因此，时钟周期<CPU 周期<指令周期。

答案 A

拓展与变换 一个指令周期可划分为若干个_____，若干个时钟周期组成一个_____。

【例 3-2-2】（盐城二模 2009 年）一条指令的指令周期至少需要（　　）CPU 工作周期。

  A．1 个   B．2 个   C．3 个   D．4 个

分析 因指令执行过程包括取指令和执行指令，至少各需要一个 CPU 周期，所以一条指令周期至少需要 2 个 CPU 工作周期。

答案 B

拓展与变换 如果某指令周期为 4 个 CPU 工作周期，则 2 个 CPU 工作周期用于取指令，另外，2 个 CPU 工作周期用于执行指令。这个说法正确么？为什么。

【例 3-2-3】同步控制是一种（　　）。

  A．只适用于 CPU 控制的方式   B．只适用于外围设备控制的方式

  C．由统一时序信号控制的方式   D．所有指令执行时间都相同的方式

分析 同步控制方式采用统一时钟信号，而异步控制方式主要采用应答方式。相比之下，同步控制简单，时间安排上不经济，而异步控制时间紧凑，但控制复杂。

答案 C

【例 3-2-4】某 CPU 的主频是 800 MHz，该 CPU 的每个指令周期平均包括 2.5 个机器周期，一个机器周期由两个时钟周期组成，则该 CPU 的运算速度为（　　）MIPS。

  A．120   B．0.875   C．160   D．以上都不对

分析 每个指令周期平均包括 2.5 个机器周期，一个机器周期由两个时钟周期组成，也就是每个指令包括 2.5*2=5 个时钟周期，一个时钟周期能执行 1/5 个指令，即 1/5I。因为 CPU 主频是 800 MHz，Hz 是频率的单位（1/秒），所以用 800 MHz*（1/5I）=160 MIHz=160 MI/s，也就是 160 MIPS。

答案 C

【例 3-2-5】采用不定长的 CPU 工作周期，可以缩短指令的执行时间。

分析 各种指令的操作复杂性不相同，执行时所需要的时间也不相同。如果所有指令采用相同的 CPU 工作周期，即定长的 CPU 工作周期，那么，许多指令执行时会出现有的时间片段 CPU 空闲，而推迟了下一条指令的执行，降低计算机运行效率。

答案 对

【例3-2-6】 非访内指令的指令周期为（　　）个CPU工作周期。

　　A．1　　　　　　　B．2　　　　　　　C．3　　　　　　　D．4

分析 非访内指令需要2个CPU工作周期，取指1个，执行1个。

答案 B

拓展与变换 直接访内指令的指令周期为_____个CPU工作周期。

巩固练习

一、单项选择题

1．（江苏省单招考题 2013 年）在同步控制方式的多级时序中，最基本的时间分段是（　　）。

　　A．指令周期　　　　B．机器周期　　　　C．取指周期　　　　D．时钟周期

2．一节拍脉冲维持的时间长短是一个（　　）。

　　A．机器周期　　　　B．节拍　　　　　　C．时钟周期　　　　D．指令周期

3．下列各种说法中，不正确的是（　　）。

　　A．在时序的同步控制方式中，各项操作与统一的时序信号同步

　　B．在异步控制方式中，由于各项操作不受统一的时钟周期约束，故系统中可以没有时钟系统

　　C．在实际应用中，可以将同步控制操作方式与异步控制方式结合使用

　　D．同步方式控制简单但不经济；异步方式采用应答方式，时间安排紧凑

4．指令周期是指（　　）。

　　A．CPU从主存取出一条指令的时间

　　B．CPU执行一条指令的时间

　　C．CPU从主存取出一条指令加上执行这条指令的时间

　　D．时钟周期时间

5．计算机的各类周期中，最长的是（　　）。

　　A．指令周期　　　　B．机器周期　　　　C．CPU周期　　　　D．时钟周期

6．异步控制方式常用于（　　）。

　　A．微程序控制　　　　　　　　　　　　B．I/O设备控制

　　C．内部总线控制　　　　　　　　　　　D．系统总线控制

7．一个指令周期可以划分为若干个（　　）周期。

　　A．时钟　　　　　　B．机器　　　　　　C．译码　　　　　　D．取指

8．间接访内指令的指令周期需要（　　）CPU工作周期。

　　A．1个　　　　　　B．2个　　　　　　C．3个　　　　　　D．4个

9．假设某微处理器的主频为20 MHz，两个时钟周期组成一个机器周期，平均3个机器周期可完成一条指令，则其平均运算速度为（　　）MIPS。

　　A．1.66　　　　　　B．13.33　　　　　　C．6.66　　　　　　D．3.33

10．计算机中有多种周期，其中，（　　）又称为CPU周期。

A．存取周期　　　　　B．存储周期　　　　　C．指令周期　　　　　D．机器周期

11．已知微处理器的主振频率为 50 MHz，两个时钟周期组成一个机器周期，平均三个机器周期完成一条指令，它的指令周期是（　　）。

A．40 ns　　　　　　B．80 ns　　　　　　C．120 ns　　　　　　D．160 ns

二、判断题

12．（　　）不同的指令，其指令周期不同。

13．（　　）指令周期的第一个 CPU 周期用于取指令。

14．（　　）在同步控制方式中，周期的长度是固定的。

15．（　　）指令周期必是时钟周期的整数倍。

16．（　　）执行一条最快的指令需要一个 CPU 周期。

17．（　　）异步控制方式比同步控制方式控制复杂。

18．（　　）计算机采用何种时序控制方式直接决定时序信号的产生，但不会影响指令的执行速度。

19．（　　）（江苏省单招考题 2010 年 B）CPU 周期是处理操作的最基本单位，通常被称为节拍脉冲。

20．（　　）采用不定长的 CPU 周期，可缩短指令的执行时间。

21．（　　）一个时钟周期可以划分为若干个 CPU 工作周期。

三、填空题

22．（江苏省单招考题 2008 年）已知 PIII CPU 主频为 1GHz，则该 CPU 时钟周期为＿＿＿＿ns。

23．时序控制方式可分为＿＿＿＿＿＿和＿＿＿＿＿＿，其中，＿＿＿＿＿＿控制方式用于 CPU 内部。

24．＿＿＿＿＿＿是指计算机完成一个操作所需的时间，又称为 CPU 周期。

25．指令周期主要包括＿＿＿＿＿＿和执行周期。

26．CPU 采用同步控制方式时，在组合逻辑控制器中常使用三级时钟系统来提供定时信号，即机器周期、＿＿＿＿＿＿和＿＿＿＿＿＿。

27．CPU 周期中，如果执行指令的时间 T 周期数与取指的 T 周期数相同，称为＿＿＿＿＿＿
＿＿＿＿＿＿＿＿＿＿。

28．时序关系比较简单，设计方便，时间安排上不太经济的时序控制方式是＿＿＿＿＿＿。

29．计算机完成一个基本操作所需的时间称为＿＿＿＿＿＿＿＿。

30．在计算机系统中产生周期节拍、脉冲等时序信号的部件称为＿＿＿＿＿＿。

31．异步控制方式是指各项操作按其需要选择不同的时间，不受统一的时钟周期的约束，各操作之间的衔接与各部件之间的信息交换采取＿＿＿＿＿＿＿方式。

3.3 典型的 CPU 技术

学习目标

1．了解 CPU 典型技术。

2. 理解 RISC 和流水线技术。

3. 了解微程序控制器。

内容提要

1．典型的 CPU 技术

1）精简指令集计算机（RISC）技术

RISC 区别于已淘汰的复杂指令集计算机（CISC）技术，设计目标设法降低执行每条指令所需的时钟周期数，其主要特点如下所示：

（1）指令数目较少，以使用频率高的简单指令为主。

（2）指令长度固定，指令格式种类少，寻址方式种类少。

（3）大多数指令可在一个机器周期内完成。

2）倍频技术

为提高 CPU 的执行速度，采用倍频技术。CPU 的工作频率为

$$内频（主频）=外频（总线频率）×倍频$$

3）流水线技术

为提高 CPU 的运算速度，在 CPU 中由 5~6 个不同功能的电路单元组成一条指令处理流水线，再将一条指令分成 5~6 步，就可以实现在一个时钟周期完成一条指令。该流水线技术首次在 486 芯片中使用。流水线技术从实现方法上看，可分成超流水线技术和超标量技术。

4）超流水线技术

超流水线技术是指 CPU 内部的流水线超过通常的 5~6 步以上，设计的步数越多，完成一条指令的速度越快，实质是以时间换空间。

5）超标量技术

超标量技术是指在 CPU 中，有一条以上的流水线并且每个时钟周期内通过并行操作完成一条以上的指令。其实质是以空间换时间。

6）MMX 技术

MMX 是多媒体扩展指令集，它多用于处理多媒体信息的计算机中。MMX 只有整数运算指令，应用有图像处理、音频视频等。

2．微程序控制器

微程序控制的提出，其主要目的是希望能实现灵活可变的计算机指令系统。

（1）微程序控制

微程序控制和组合逻辑控制是微命令产生的两种方式。组合逻辑控制方式采用许多门电路，设计复杂，设计效率低，检查调试困难，而微程序控制器改进了其缺点。微程序控制器的核心部件是微地址转移逻辑。

微程序控制器的基本思想包括以下两点：

① 将控制器所需的微命令以代码形式编成微指令，存入一个由 ROM 构成的控制存储器（CM）中。

② 将各种机器指令的操作分解成若干微操作序列。每条微指令包含的微命令控制实现一步操作。若干条微指令组成一小段微程序，解释执行一条机器指令。

（2）常见概念及定义

① 微命令：构成控制信号序列的最小单位。

② 微操作：由微命令控制实现的最基本的操作。

③ 微周期：从控制存储器读取一条微指令并执行相应的一步操作所需的时间。通常一个时钟周期为一个微周期。

④ 控制存储器（微指令存储器）：主要存放控制命令（信号）和下一条要执行的微指令地址。由于计算机的指令系统是固定的，实现这个指令系统的微程序也是固定的，所以控制存储器采用只读存储器（ROM）。

例题解析

【例 3-3-1】 下列不属于 CPU 新技术的是（　　　）。

    A．倍频技术　　　　B．CISC　　　　　　C．RISC　　　　　　D．流水线技术

分析 CPU 的典型技术主要有 RISC、CISC、倍频技术、流水线技术，其中，CISC 复杂指令集计算机早已淘汰，所以不能算是新技术。

答案 B

拓展与变换 在 CISC 技术、RISC 技术、多媒体技术、超标量流水线技术中，不符合计算机发展趋势的是＿＿＿＿＿＿＿。

【例 3-3-2】（江苏省单招考题 2011 年 B）CPU 中一条以上的流水线且每个时钟周期可以完成一条以上的指令的技术是（　　　）。

    A．流水线技术　　　　B．超流水线技术　　　C．倍频技术　　　　D．超标量技术

分析 流水线技术包括超流水线技术和超标量技术。超流水线技术是指每条流水线的步数多，执行一条指令速度快，超标量技术是指一条以上流水线且并行操作完成一条以上的指令。

答案 D

【例 3-3-3】（镇江二模 2009 年）微程序存放在（　　　）。

    A．主存中　　　　B．堆栈中　　　　C．只读存储器中　　　D．磁盘中

分析 微程序控制器的基本思想是把指令执行所需的所有控制信号存放在存储器中，需要时从这个存储器中读取。由于每一条微指令执行时所发出的控制信号是事先设计好的，不需要改变，故此存放所有控制信号的存储器应为只读存储器，并将其集成到 CPU 内，称为控制存储器。

答案 C

拓展与变换 （　　　）一段微程序对应于一条指令。

【例 3-3-4】 在指令系统中，＿＿＿＿＿＿＿的设计目标从原来的设法减少指令的数量和种类，变成设法降低执行每条指令所需的时钟周期。

分析 RISC 区别于已淘汰的复杂指令集计算机（CISC）技术，设计目标设法降低执行每条指令所需的时钟周期数，大多数指令可在一个机器周期内完成。

答案 RISC

拓展与变换 精简指令集计算机的特点是所有频繁使用的简单指令都能在一个_____周期内执行完。

【例 3-3-5】 下列描述 RISC 机器的基本概念中正确的句子是（　　　）。

A．RISC 机器不一定是流水 CPU　　　　B．RISC 机器一定是流水 CPU

C．RISC 机器有复杂的指令系统　　　　D．CPU 配备很少的通用寄存器

分析 RISC 的机器的三个要素：① 一个有限的简单指令集；② CPU 配置大量的通用寄存器；③ 强调指令流水线的优化。RISC 机器一定是流水 CPU，但流水 CPU 不一定是 RISC 机器，如 Pentium CPU 是流水 CPU，但 Pentium 机器是 CISC 的机器。

答案 B

巩固练习

一、单项选择题

1. 使用（　　）技术，可以使快速的处理器与慢速的系统总线相协调。

　　A．倍频技术　　　B．流水线技术　　　　C．超标量技术　　　　D．超流水线技术

2. 流水线技术是 Intel 首次在（　　）芯片中开始使用的。

　　A．Pentium　　　B．286　　　　C．386　　　　D．486

3. 下列不属于 RISC 特点的是（　　）。

　　A．指令数目少，以使用频率高的简单指令为主

　　B．指令长度固定，指令寻址方式少

　　C．通用寄存器数量多

　　D．所有指令都通过直接访问存储器实施操作，增加了指令的功能

4. 在 CPU 中，设置了多条流水线，可以同时执行多个处理，称为（　　）。

　　A．倍频技术　　　　　　　　　B．流水线技术

　　C．超标量技术　　　　　　　　D．超流水线技术

5. 计算机指令系统通常分为两类，其中，（　　）是复杂指令系统的缩写。

　　A．ADSL　　　B．CISC　　　　C．RISC　　　　D．CSMA

6. （　　）的技术思想是 CPU 内部运行速度为外部时钟频率的两倍。

　　A．倍频技术　　　B．流水线技术　　　C．超标量技术　　　D．超流水线技术

7. 以时间换空间取得较高效率的 CPU 技术是（　　）。

　　A．倍频技术　　　B．流水线技术　　　C．超标量技术　　　D．超流水线技术

8. 已知某主板的外频是 133 MHz，CPU 的主频是 800 MHz，则倍频系数是（　　）。

　　A．133　　　B．6　　　　C．800　　　　D．3

9. 微程序是机器设计者首先编好的，作为解释执行工作程序的一种硬件手段，在制作 CPU 时存在（　　）中。

　　A．控制存储器　　　B．内存　　　　C．指令存储器　　　　D．地址寄存器

10. 在微程序控制器中，机器指令与微指令的关系是（　　）。

　　A．每一条机器指令由一条微指令来执行

　　B．每一条机器指令由一段微指令编写的微程序来解释执行

C. 每一条机器指令组成的程序可由一条微指令来执行

D. 一条微指令由若干条机器指令组成

11. 操作控制器的功能是（　　　　）。

A. 产生时序信号

B. 从主存取出一条指令

C. 完成指令操作的译码

D. 从主存取出指令，完成指令操作码译码，并产生有关的控制信号，以解释执行该指令

二、判断题

12. （　　）采用超标量技术缩短了每一条指令的执行时间。

13. （　　）精简指令系统就是在复杂指令系统的基础上，通过对指令的压缩来减少指令条数，目的是为了方便用户的学习和工作。

14. （　　）采用流水线技术可以缩短每一条指令的执行时间，从而达到提高运行速度的目的。

15. （　　）不论 CPU 技术如何发展，CPU 技术是围绕突破速度极限而研发的。

16. （　　）多核心技术是今后 CPU 技术发展的一个方向。

17. （　　）在 RISC 中，指令长度是固定不变的。

18. （　　）超标量技术的实质是用时间换取空间。

19. （　　）（江苏省单招考题 2013 年）流水线技术在微处理器设计中得到了广泛的应用。

20. （　　）RISC 的主要途径是减少指令的执行周期数，提高处理速度。

21. （　　）微程序控制和组合逻辑控制均可以产生微命令。

22. （　　）流水线技术有超标量技术和超流水线技术，技术的实质都是以空间换取时间。

23. （　　）采用微程序控制的目的是希望能实现灵活可变的指令系统。

24. （　　）通常一个时钟周期为一个微周期。

三、填空题

25. 指令系统分为_____和_____两种，在_____中，指令一般采用定长编码法。

26. CPU 内部的流水线超过通常的 5~6 步以上的技术称为_____。

27. 流水线技术从实现方法上看，可分成_____和_____。

28. 流水线技术是一种能同时进行若干操作的_____处理方式。

29. 多媒体 CPU 是带有_____技术的处理器。

30. 微命令产生的方式包括微程序控制和_____控制。

31. 构成控制信号序列的最小单位称为_____。

32. 微程序控制器的核心部件是_____。

33. 由微命令控制实现的最基本的操作称为_____。

34. 一系列微指令的有序集合称为_____。

第4章 指令系统

考纲要求

◇ 了解指令的基本格式。
◇ 了解指令的分类和功能。

历年考点

	选择题	判断题	填空题
2008 年	指令类型 寻址方式	指令格式 指令系统	指令格式
2009 年	指令类型	指令格式	指令系统
2010 年	寻址方式		指令格式
2011 年	寻址方式		
2012 年	寻址方式 指令类型		指令系统
2013 年	指令类型		指令类型

4.1 指令的基本格式及寻址方式

学习目标

1. 了解指令的基本概念。
2. 了解 RISC 和 CISC 的特点。

内容提要

1. 指令概述

（1）指令是计算机能够识别和执行的操作命令。能够完成一定处理任务的指令序列就是计算机程序。

（2）一台计算机或一个计算机系统能够执行的各种指令的集合称为指令系统，它属于计算机硬件范畴。一个完善的指令系统应满足下面几个方面的要求：完备性；有效性；规整性；兼容性。

2. CISC 和 RISC

（1）CISC 是复杂指令系统计算机，其特点如下所示：

① 指令系统复杂庞大，指令数目一般多达 200~300 条。

② 指令格式多，指令字长不固定，使用多种不同的寻址方式。

③ 可访存指令不受限制。各种指令的执行时间与使用频率相差很大。

④ 采用微程序控制器。

（2）RISC 是精简指令系统计算机，其特点如下所示：

① 选取使用频率高的简单指令，以及很有用但不复杂的指令组成指令系统。

② 指令数少，指令长度一致，指令格式少，寻址方式少，指令总数比 CISC 少得多。

③ 以存储器—寄存器方式工作，只有取数/存数指令访问存储器，其余指令的操作都在寄存器之间进行。

④ 采用指令流水线调度，使大部分指令在一个 CPU 周期内完成。

⑤ 使用大量的通用寄存器以减少访内。

⑥ 以组合电路控制为主。

说明　RISC 计算机努力使经常使用的指令具有简单高效的特色。对不常用的功能，常通过组合指令来完成。CISC 计算机的指令系统比较丰富，有专用指令来完成特定的功能。因此，处理特殊任务效率较高。

例题解析

【例 4-1-1】（　　）规定计算类型及操作数地址，是指挥计算机进行基本操作的命令。

    A．指令   B．程序   C．微操作   D．宏命令

分析 指令是指挥计算机进行基本操作的命令，而程序是由相应的指令组成的，宏命令是汇编语言中的一种命令，微操作是微程序中的一个概念。

答案 A

【例 4-1-2】（　　）（江苏单招考题 2010 年）在 RISC 指令系统中，大多数指令可在一个机器周期内完成。

分析 精简指令集，是计算机中央处理器的一种设计模式，也被称为 RISC（Reduced Instruction Set Computer 的缩写）。这种设计思路对指令数目和寻址方式都做了精简，使其实现更容易，指令并行执行程度更好，编译器的效率更高。大多数指令可在一个机器周期内完成。

答案 对

【例 4-1-3】（　　）（江苏单招考题 2009 年）一般来说，计算机的字长决定了计算机的运算精度，即字长越长，运算精度越高。

分析 一般说来，计算机在同一时间内处理的一组二进制数称为一个计算机的"字"，而这组二进制数的位数就是"字长"。字长直接反映了一台计算机的计算精度，字长越长，精度越高。

答案 对

【例 4-1-4】（江苏单招考题 2009 年）指令由＿＿＿＿＿＿和地址码两部分组成。

分析 指令由两个部分组成，操作码和地址码，操作码表示操作的性质和功能，地址码指出指令的操作对象。

答案 操作码

【例 4-1-5】（江苏单招考题 2009 年）一台计算机所有指令的集合称为＿＿＿＿＿＿＿。

分析 指令是计算机能够识别和执行的操作命令。一台计算机或一个计算机系统，能够执行的各种指令的集合，称为该计算机的指令系统。

答案 指令系统

【例 4-1-6】（江苏单招考题 2012 年）指令系统分为 CISC 和＿＿＿＿＿两大类。

分析 RISC 设计者把主要精力放在经常使用的指令上，尽量使它们具有简单高效的特色。对不常用的功能，常通过组合指令来完成。因此，在 RISC 机器上实现特殊功能时，效率可能较低，但可以利用流水技术和超标量技术加以改进和弥补。而 CISC 计算机的指令系统比较丰富，有专用指令来完成特定的功能。因此，处理特殊任务效率较高。

答案 RISC

巩固练习

一、单项选择题

1. 从以下有关 RISC 的描述中，选择正确的答案（　　）。

    A．采用 RISC 技术后，计算机的体系结构又恢复到早期比较简单的情况

    B．RISC 是从原来的 CISC 系统的指令系统中挑选一部分实现的

    C．RISC 的主要目标是缩短指令长度

    D．RISC 没有乘、除法指令和浮点运算指令

2．下列叙述中，能反映 RISC 特征的有（　　　）。

    A．丰富的寻址方式

    B．使用微程序控制器

    C．执行每条指令所需的机器周期数的平均值小于 2

    D．多种指令格式

二、判断题

3．（　　　）计算机所能识别并执行的全部指令的集合，称为指令系统。所有计算机都有相同的指令系统。

4．（　　　）在计算机内部，指令和数据的形式是相同的。

三、填空题

5．计算机只能识别二进制代码，所以指令必须由_____组成。

6．一种计算机所能执行的全部指令的综合，称为这种计算机的_____。

7．_____是程序设计者进行程序设计的最小单位。

8．用计算机指令或机器所能接受的某种语言描述的，能指示计算机完成特定操作的命令序列称为_____。

9．编写程序的过程称为_____。

10．RISC 指令系统的最大特点是_____、_____固定、_____种类少。

11．从计算机指令系统设计的角度，可将计算机分为复杂指令系统计算机（CISC）和_____。

4.2　指令格式

学习目标

1．掌握指令格式的组成。

2．了解指令格式的分类及操作码格式。

内容提要

1．指令格式

（1）指令格式包括操作码和地址码（操作数）。操作码表明该条指令操作的性质和功能，若操作码的位数为 n，指令系统的指令为 2^n 条；地址码表明参加操作的操作数地址和结果的地址，地址码的位数决定了能够直接访问的内存空间大小，若一个操作数的地址为 m 位，则最大

寻址空间为 $0 \sim 2^m - 1$。

说明 地址码又称为操作数。

（2）操作码长度与地址码长度之和称为指令字长。一般来说，指令字长与机器字长之间没有固定的关系，通常为字节的整数倍。操作码的长度决定了操作的种类，地址码的长度决定了寻址的空间大小。使用多字长指令，能提供较大的寻址空间或较丰富的指令系统，从内存取指令要多次访问内存，降低 CPU 的运算速度。

2. 指令格式分类

根据指令中给出的操作数个数可将指令分为零地址指令、一地址指令、二地址指令、三地址指令、多地址指令等。一条指令可以没有地址码但必须要有操作码。零地址指令中没有操作数地址，如停机指令、等待指令等。

3. 操作码格式

（1）定长操作码：操作码的长度固定且集中放在指令字的一个字段中。若操作码固定为 K 位，则它所能表达的操作最多为 2^K 个。

（2）扩展操作码：操作码的长度可变且分散地放在不同的字段中。

例题解析

【例 4-2-1】操作码的长度决定了（　　）。

  A．指令长度   B．指令系统中的指令条数

  C．可访问的最大存储空间   D．指令的功能

分析 指令由两部分组成，分别为操作码和地址码。操作码表示操作的性质和功能，其长度表示指令的条数。地址码表示操作结果存放的位置等。

答案 B

【例 4-2-2】下列说法中正确的是（　　）。

  A．所有计算机的指令系统是相同的

  B．不同型号的计算机其指令系统是不同的

  C．指令周期是指执行一条指令的时间

  D．指令周期也是时钟周期

分析 指令周期是指从读取指令、分析指令到执行指令所需的全部时间，不同计算机的指令系统不一定相同，一个指令周期可以包含多个时钟周期。

答案 B

【例 4-2-3】（江苏单招考题 2010 年）一条完整的指令是由＿＿＿＿＿＿＿＿和地址码两部分组成的。

分析 指令由两个部分组成，分别为操作码和地址码，操作码表示操作的性质和功能，地址码指出指令的操作对象。

答案 操作码

【例4-2-4】（江苏单招考题2011年）指令中用于表示操作性质及功能的部分称为_____。

分析 指令由两个部分组成，分别为操作码和地址码，操作码表示操作的性质和功能，地址码指出指令的操作对象。

答案 操作码

巩固练习

一、单项选择题

1. 在指令格式中，采用扩展操作码设计方案的目的是（　　）。
   A．减少指令字长度
   B．增加指令字长度
   C．保持指令字长度不变而增加指令操作数量
   D．保持指令字长度不变而增加寻址空间

2. 零地址运算指令的操作数来自（　　）。
   A．立即数和栈顶　　　　　　　　　B．栈顶和次栈顶
   C．暂存器和栈顶　　　　　　　　　D．寄存器和内存单元

3. 在二地址指令中，操作数的物理位置不可安排在（　　）中。
   A．栈顶和次栈顶　　　　　　　　　B．两个主存单元
   C．一个主存单元和一个寄存器　　　D．两个寄存器

4. 双地址指令的格式为OPA1A2，A1表示的是（　　）。
   A．源地址　　　　　　　　　　　　B．目的地址
   C．存放结果的地址　　　　　　　　D．指令地址

5. 双地址指令的格式为OPA1A2，OP表示的是（　　）。
   A．地址码　　　B．操作数　　　C．操作码　　　D．机器码

6. 双地址指令的格式为OPA1A2，如果OP段的长度是7位，那么该机器最多有（　　）种操作指令。
   A．7　　　　　B．14　　　　　C．49　　　　　D．128

二、判断题

7. （　　）不同机器指令代码长度一般是不一样的，一般字长较长的微型机的指令长度是固定的。

三、填空题

8. 指令操作码字段表征指令的_____，地址码字段表示_____，微小型机中多采用_____混合方式的指令格式。

9. 指令格式是指指令用_____表示的结构形式，通常，格式中由_____和_____字段组成。

10. 只有操作码而没有地址码的指令称为指令_____。

11. 计算机指令通常包含_____、_____两部分。

12. 每条指令必须包括两个最基本的部分：_____和_____。

13．若指令系统有 2^n 种操作，则操作码字段长度至少需要＿＿＿＿＿＿位二进制代码。

14．＿＿＿＿＿＿决定了该指令系统所能执行的操作种类的数量。

15．指令中的操作数字段用来指出操作的＿＿＿＿＿＿。

16．操作数字段可以有 1 个、2 个或 3 个，通常称为＿＿＿＿＿、＿＿＿＿＿或＿＿＿＿＿指令。

4.3　寻址方式

学习目标

1．了解寻址方式的概念。

2．了解寻址方式的分类。

内容提要

1．寻址方式的概念

1．寻址方式指的是确定本条指令的数据地址，以及下一条要执行的指令地址的方法。

2．指令中的操作数可能在寄存器、内存储器或指令中。

2．寻址方式的分类

1）常用的寻址方式

（1）**立即（数）寻址**　立即（数）寻址是在指令中直接给出操作数，通常用于给寄存器设置初始值。寻址速度最快。

（2）**寄存器寻址**　寄存器寻址是指令中给出存放操作数的寄存器，操作数在寄存器中。

（3）**直接寻址**　直接寻址是指令中给出的是操作数所存放的内存地址。

（4）**寄存器间接寻址**　寄存器间接寻址是指令中给出寄存器号，寄存器中存放的是操作数的地址，操作数在内存中。

（5）**存储器间接寻址**　存储器间接寻址是指令中给出存放操作数地址的地址，操作数在内存中，这种寻址方式要对内存访问两次，才能找到操作数。

（6）**相对寻址**　相对寻址是用 PC 值加上指令中地址码作为操作数的地址，这种寻址方式对控制程序的执行方向特别有利。

（说明）除以上寻址方式外，还有变址寻址、基址寻址等寻址方式。

例题解析

【例 4-3-1】指令操作所需的数据不会来自（　　）。

　　A．寄存器　　　　　B．指令本身　　　　C．主存中　　　　　D．控制存储器

（分析）根据不同寻址方式，指令操作所需的数据可以来自于寄存器，如寄存器寻址，可以来自于主存储器，如直接寻址、寄存器间接寻址、存储器间接寻址，也可以来自指令本身，如

立即寻址。而控制存储器是存放控制命令和下一条要执行的微指令的地址，且为只读存储器。

答案 D

【例 4-3-2】在不同的寻址方式中，（　　）寻址方式的指令的执行速度最快。

    A. 立即寻址　　　B. 直接寻址　　　C. 寄存器寻址　　　D. 存储器间接寻址

分析 在上述四种寻址方式中，立即寻址方式中操作数直接由指令给出，而其他几种寻址方式至少要访问一次寄存器或主存储器，因而，指令的执行速度要比立即寻址方式慢。

答案 A

【例 4-3-3】以下哪种寻址方式需要两次访问存储器才能取得操作数（　　）。

    A. 直接寻址　　　B. 寄存器寻址　　　C. 寄存器间接寻址　　　D. 存储器间接寻址

分析 直接寻址访问一次存储器；寄存器间接寻址访问一次寄存器和一次存储器；存储器间接寻址访问至少访问两次存储器，第一次访问取得操作数地址，第二次访问取得操作数；寄存器寻址只访问寄存器不访问存储器。

答案 D

【例 4-3-4】（江苏单招考题 2008 年）_____寻址方式是把操作数的地址直接作为指令中的地址码。

    A. 立即　　　B. 直接　　　C. 寄存器　　　D. 间接

分析 立即寻址方式是指操作数直接在指令中给出的寻址方式；直接寻址是把操作数的地址直接作为指令中的地址码；寄存器寻址是指令的地址码部分给出某一通用寄存器的地址；当地址码不是操作数的地址，而是另一个地址的地址时，为间接寻址方式。

答案 B

【例 4-3-5】（2010 年高考题）指令系统中采用不同寻址方式的目的是_____。

    A. 增加扩展操作码的数量，降低指令译码难度

    B. 把指令系统分为 CISC 和 RISC

    C. 缩短指令长度，扩大寻址空间，提高编程灵活性

    D. 直接访问外存储器提供可能

分析 指令系统中采用不同寻址方式的目的是为缩短指令长度，扩大寻址空间，提高编程灵活性。

答案 C

【例 4-3-6】（江苏单招考题 2011 年）指令操作数在指令中直接给出，这种寻址方式为_____。

    A. 直接寻址　　　B. 间接寻址　　　C. 立即寻址　　　D. 变址寻址

分析 立即寻址方式是指操作数直接在指令中给出的寻址方式；直接寻址是把操作数的地址直接作为指令中的地址码；寄存器寻址是指令的地址码部分给出某一通用寄存器的地址；当地址码不是操作数的地址，而是另一个地址的地址时，为间接寻址方式。

答案 C

【例 4-3-7】（丹阳调研 2009 年）在多数情况下，一条机器指令中不直接用二进制代码来指定（　　）。

    A．下一条指令的地址   B．操作的类型

    C．操作数地址   D．结果存放地址

分析 下一条指令的地址是程序计数器自动生成的。

答案 A

【例 4-3-8】为了缩短指令中某个地址段的位数，有效的方法一般应采取（　　）。

    A．立即寻址   B．变址寻址   C．间接寻址   D．寄存器寻址

分析 由于计算机中寄存器的数量一般很少，采用寄存器寻址时可用少量的代码来指定寄存器，这样可以减少对应地址段的代码位数，也可减少整个指令的代码长度。

答案 D

【例 4-3-9】零地址指令的操作数一般隐含在（　　）中。

    A．磁盘   B．磁带   C．寄存器   D．光盘

分析 零地址指令只有操作码，没有操作数。这种指令有两种情况：一是无需操作数；另一种是操作数为默认的，默认为操作数在寄存器中，指令可直接访问寄存器。

答案 C

【例 4-3-10】（镇江三模 2009 年）采用直接寻址方式，则操作数在（　　）中。

    A．主存   B．寄存器   C．直接存取存储器   D．光盘

分析 直接寻址方式是指在指令中直接给出操作数在存储器中的地址，操作数在主存储器中，指令中的地址直接作为有效地址，对存储器进行访问即可取得操作数。

答案 A

【例 4-3-11】（　　）需要两次访问存储器才能取得操作数。

    A．直接寻址   B．寄存器间接寻址   C．存储器间接寻址   D．寄存器寻址

分析 直接寻址访问存储器一次；寄存器间接寻址访问寄存器和存储器各一次；存储器间接寻址至少访问存储器两次，第一次访问取得操作数地址，第二次访问取得操作数；寄存器寻址不需访问存储器。

答案 C

巩固练习

一、单项选择题

1．在寄存器间接寻址方式中，操作数在（　　）中。

    A．通用寄存器   B．主存单元   C．程序计数器   D．堆栈

2．指令系统中采用不同寻址方式的目的主要是（　　）。

A．实现存储程序和程序控制

B．缩短指令长度，扩大寻址空间，提高编程灵活性

C．可以直接访问外存

D．提供扩展操作码的可能，降低指令译码的难度

3．指令的寻址方式有顺序和跳跃两种方式，采用跳跃寻址方式，可以实现（　　）。

A．堆栈寻址　　　　　　　　　　　　　B．程序的条件转移

C．程序的无条件转移　　　　　　　　　D．程序的条件或无条件转移

4．变址寻址方式中，操作数的有效地址等于（　　）。

A．基址寄存器内容加上形式地址（位移量）　B．堆栈指示器内容加上形式地址

C．变址寄存器内容加上形式地址　　　　　　D．程序计数器内容加上形式地址

5．直接寻址、间接寻址、立即寻址 3 种寻址方式中指令的执行速度由快到慢的排序是（　　）。

A．直接、立即、间接　　　　　　　　　B．直接、间接、立即

C．立即、直接、间接　　　　　　　　　D．立即、间接、直接

6．一地址指令中为了完成两个数的算术运算，除地址码指明的一个操作数外，另一个操作数常用（　　）。

A．堆栈寻址方式　　　　　　　　　　　B．立即寻址方式

C．隐含寻址方式　　　　　　　　　　　D．间接寻址方式

7．对存放于某个寄存器中的操作数寻址方式称为（　　）寻址方式。

A．直接　　　　　　　　　　　　　　　B．间接

C．寄存器　　　　　　　　　　　　　　D．寄存器间接

8．在寄存器间接寻址方式中，操作数在（　　）中。

A．通用寄存器　　　　　　　　　　　　B．主存单元

C．程序计数器　　　　　　　　　　　　D．外存

9．以下哪种寻址方式需要两次访问存储器才能取得操作数（　　）。

A．直接寻址　　　　　　　　　　　　　B．寄存器间接寻址

C．存储器间接寻址　　　　　　　　　　D．寄存器寻址

二、判断题

10．（　　）在计算机内部指令和数据的存储形式是一致的。

11．（　　）在指令中直接给出操作数的寻址方式是直接寻址。

三、填空题

12．指令的寻址方式是指确定_____和_____地址的方法。

13．立即寻址方式的特点是_____，适合于_____的场合。

14．寄存器寻址方式是指指令_____的部分给出_____的地址，所需的_____在这一寄存器中给出。

15．当地址码不是操作数的地址，而是_____的地址时，所使用的寻址方式称为间接寻址方式。根据地址是寄存器还是存储单元地址，间接寻址方式又可分为_____和_____。

4.4 指令的功能和类型

学习目标

1. 了解指令的分类。
2. 了解指令的功能。

内容提要

1. 指令的分类

一个完善的指令系统，从功能上看，具有数据传送类指令、数据处理类指令及程序控制类处理机控制类等指令。

2. 指令的功能

1）数据传送类指令

数据传送类指令用于实现寄存器与寄存器、寄存器与存储单元、寄存器与输入/输出端口之间的数据传送或地址传送。数据传送类指令一般包括数据传送指令、堆栈操作指令、输入/输出指令。

（1）数据传送指令主要用于实现寄存器之间或寄存器与存储单元之间的数据传送，主要包括传送指令、数据交换指令等。

（2）堆栈操作指令是专门用于堆栈操作的指令，分为入栈指令（PUSH）和出栈指令（POP）两类。这类指令只需要指明一个操作数地址，另一个隐含的是堆栈的栈顶地址。

（3）输入/输出指令用于完成主机与外围设备之间的信息传送，常有以下三种设置方式：设置专用的 I/O 指令；用数据传送指令实现 I/O 操作；执行 I/O 操作。

2）数据处理类指令

数据处理类指令主要有算术运算指令、逻辑运算指令、移位指令、串操作指令等。

（1）算术运算指令：用于进行算术，一般可以以字或字节为单位进行加、减、乘、除四种基本运算，带符号数之间进行运算时通常采用补码进行。

（2）逻辑运算指令：逻辑运算指令用于完成逻辑运算，包括与、或、非、异或等。

（3）移位指令：移位指令包括算术移位、逻辑移位、循环移位等三类，每类移位都有左移、右移之分。算术移位和逻辑移位的另一个重要用途是用于实现简单的乘除运算。对于算术左移或右移一位，相当于一个有符号数乘以 2 或除以 2；对于逻辑左移或右移一位，相当于一个无符号数乘以 2 除以 2。

3）程序控制类指令

程序控制类指令用于控制程序执行顺序和方向，使程序具有测试、分析与判断的能力。主要有转移指令、子程序调用和返回指令等。

（1）转移指令：用来改变程序的流向，包括无条件转移指令和有条件转移指令。

（2）子程序调用和返回指令：调用指令用在主程序中，返回指令用在子程序中。在子程序调用中，返回地址的保存和返回是通过堆栈实现的。

4）处理器控制类指令

处理器控制类指令用于直接控制CPU，实现特定功能的一类指令，包括停机指令、空操作指令、开/关中断指令等。供操作系统使用的一些单位特权指令，如停机指令用于让计算机处于一种动态停机的状态，空操作指令的执行除了改变程序计数器的值之外，不进行其他任何操作。特权指令用于系统资源的分配和管理。对一个多任务、多用户的计算机系统，特权指令是必需的。

例题解析

【例 4-4-1】（ ） 规定计算类型及操作数地址是指挥计算机进行基本操作的命令。

    A. 指令   B. 程序   C. 微操作   D. 宏命令

分析 指令是指挥计算机进行基本操作的命令，而程序是由相应的指令组成的，宏命令是汇编语言中的一种命令，微操作是微程序中的一个概念。

答案 A

【例 4-4-2】（江苏单招考题 2009 年）MOV 属于（ ）类指令。

    A. 数据传送   B. 数据处理   C. 程序控制   D. 处理机控制

分析

数据传送类指令有 MOV、XCHG、PUSH、POP、IN、OUT。

数据处理类指令有 ADD、SUB、NEG、INC、DEC、CMP、MUL、DIV、AND、OR、XOR。

程序控制类指令有 LOOP、JZ、JNZ、JS、JNS、JC、JNC、JO、LOOP、CALL、RET、INT。

处理机控制指令有 HALT、NOP、EI、DI。

从上面可知应为数据传送类指令。

答案 A

拓展与变换 这类题目可以考查考生对指令的分类的掌握情况。

LOOP 指令属于_____类指令。（江苏单招考题 2012 年）

下列指令中，属于数据处理类指令的是_____。（江苏单招考题 2012 年）

PUSH 入栈和 POP 出栈指令属于（ ）类指令。（江苏单招考题 2008 年）

【例 4-4-3】（盐城二模 2009 年），在 8086 指令系统中，属于逻辑运算类指令的是（ ）。

    A. POP CX   B. SUB AL，DL

    C. AND AL，DL   D. MOV AX，BX

分析 POP 是出栈指令，属于数据传送类指令；SUB 是减法指令，属于数据处理类中的算术运算类；AND 是与运算，属于逻辑运算；MOV 是传送类指令。

答案 C

【例 4-4-4】 用于控制程序执行顺序与方向的指令称为（ ）。

    A. 处理机控制指令   B. 输入/输出类指令

    C. 程序转移指令   D. 数据运算类指令

分析 程序控制类指令是用来控制指令的执行顺序，即选择程序的执行方向，并使程序具有测试、分析与判断的能力。

答案 C

【例4-4-5】在数据传送类指令中，以下设备间不可以直接进行数据传送的是（ ）。

    A．寄存器与寄存器   B．寄存器与存储器

    C．存储器与存储器   D．端口与寄存器

分析 数据传送类指令用于寄存器、存储单元或输入/输出端口之间的数据或地址传送，但是不可以直接进行存储器之间的数据传送，因而，若要实现存储器间的数据传送，只能使用其他方式间接实现。

答案 C

【例4-4-6】若要取得数据10010100中后四位的值，则需要将该数作（ ）操作。

    A．与0FH相与   B．与FFH相与   C．与0FH相或   D．与0FH相异或

分析 逻辑与运算常用于取得某几位的状态，逻辑或运算常用于给某几位置位。要取得后四位的值，需与二进制00001111相与，即与0FH进行相与操作。

答案 A

【例4-4-7】（江苏单招考题2012年）指令"ADD AX，1234H"属于_____寻找方式。

    A．立即数   B．直接   C．间接   D．寄存器

分析 立即寻址方式是指操作数直接在指令中给出的寻址方式。

答案 A

【例4-4-8】（江苏单招考题2012年）Intel 8086/8088 指令：MOV AX，[1000H]的寻址方式是_____寻址。

分析 立即寻址方式是指操作数直接在指令中给出的寻址方式；直接寻址是把操作数的地址直接作为指令中的地址码；寄存器寻址是指令的地址码部分给出某一通用寄存器的地址；当地址码不是操作数的地址，而是另一个地址的地址时，为间接寻址方式。

答案 直接寻址

巩固练习

一、单项选择题

1．运算型指令的寻址与转移型指令的寻址不同点在于（ ）。

    A．前者取操作数，后者决定程序转移地址

    B．后者取操作数，前者决定程序转移地址

    C．前者是短指令，后者是长指令

    D．前者是长指令，后者是短指令

2．位操作类指令的功能是（ ）。

  A．对 CPU 内部能用寄存器或主存某一单元任一位进行状态检测（0 或 1）

  B．对 CPU 内部能用寄存器或主存某一单元任一位进行状态强置（0 或 1）

  C．对 CPU 内部能用寄存器或主存某一单元任一位进行状态检测或强置

  D．进行移位操作

3．堆栈常用于（ ）。

  A．数据移位   B．保护程序现场

  C．程序转移   D．输入/输出

4．执行中使用的堆栈指令是（ ）。

  A．移位指令   B．乘法指令

  C．子程序调用指令   D．串处理指令

5．在堆栈中，保持不变的是（ ）。

  A．栈顶   B．栈指针

  C．栈底   D．栈中的数据

6．程序控制类指令不包括（ ）。

  A．转移指令   B．循环控制指令

  C．子程序调用指令   D．移位指令

7．在 CPU 中，保存当前正在执行指令的寄存器为（ ）。

  A．程序计数器   B．指令寄存器

  C．程序状态字   D．数据寄存器

8．在统一编址计算机中，输入/输出操作应（ ）。

  A．设置专用的 I/O 指令   B．使用传送类指令实现

  C．通过执行 I/O 操作实现   D．无法实现

9．若要取得数据 10010100 中从左数起第 2 位的值，则需要将该数（ ）。

  A．和 40H 相与   B．和 F0H 相与

  C．和 40H 相或   D．和 40H 相异或

10．（ ）不能支持数值处理。

  A．算术运算类指令   B．移位操作类指令

  C．字符串处理类指令   D．输入/输出类指令

11．若要对一个定点无符号数进行除 4 的操作，可以使用（ ）代替。

  A．逻辑左移 2 位   B．算术左移 2 位

  C．逻辑右移 2 位   D．算术右移 2 位

12．（ ）指令不做任何操作，仅使程序计数器的值增加，对程序的调试与修改很有用。

  A．转移类   B．停机类

  C．空操作类   D．开、关中断类

二、判断题

13．（ ）中断指令属于程序控制指令，能使程序改变正常的执行顺序。

14．（ ）子程序调用指令可以使用转移指令代替。

三、填空题

15．条件转移指令、无条件转移指令、转子指令、中断返回指令等都是_____指令，这

类指令在指令格式中所表示的地址，表示的是_____，而不是_____。

16．传送指令用以实现_____与_____之间的数据传送。

4.5 汇编语言

学习目标

1．了解汇编语言的基本概念。
2．了解机器语言的基本概念。

内容提要

一、汇编语言

汇编语言是一种面向机器的程序设计语言，用助记符形式表示，属于低级程序设计语言。采用汇编语语言编写的程序称为汇编语言源程序。源程序由汇编程序翻译成机器语言的目标程序。

二、机器语言

机器语言是一种能被机器识别和执行的语言，用二进制数"0"和"1"形式表示。

例题解析

【例4-5-1】计算机可直接使用而无须经过中间处理的语言是（　　）。

A．机器语言 B．汇编语言 C．高级语言 D．可视化程序语言

分析 计算机中存储、处理信息都是用二进制代码表示的，机器语言是能被机器识别和执行的语言，因而，无须经过语言中间处理。

答案 A

巩固练习

一、单项选择题

1．下面关于解释程序和编译程序的论述，正确的是（　　）。

A．解释程序能产生目标程序，而编译程序则不能产生目标程序。
B．解释程序不能产生目标程序，而编译程序则能产生目标程序。
C．解释程序和编译程序均能产生目标程序。
D．解释程序和编译程序均不能产生目标程序。

2．计算机能直接执行的程序是（　　）。

A．源程序 B．机器语言程序 C．BASIC 语言程序 D．汇编语言程序

3. 编译程序的最终目标是（　　　）。

    A．发现源程序中的语法错误

    B．改正源程序中的语法错误

    C．将源程序编译成目标程序

    D．将某一高级语言程序翻译成另一高级语言程序

4. 将用高级程序语言编写程序翻译成目标程序的程序称为（　　　）。

    A．连接程序　　　B．编辑程序　　　　C．编译程序　　　　D．诊断维护程序

5. 用高级程序语言设计语言编写的程序称为（　　　）。

    A．源程序　　　　B．应用程序　　　　C．用户程序　　　　D．实用程序

6. 计算机能直接识别并执行的语言是（　　　）。

    A．自然语言　　　　B．汇编语言　　　　C．机器语言　　　D．高级语言

7. 计算机中能把高级语言源程序变成机器可直接执行的程序或目标程序的方法有（　　　）。

    A．汇编与编译　　　B．解释与汇编　　　C．解释与编译　　D．解释与连接

8. 计算机的编译系统主要是将源程序翻译成（　　　）。

    A．机器语言系统　　　B．系统程序　　　　C．目标程序　　　D．数据库系统

9. 人们使用高级语言编写出来的程序，首先翻译成（　　　）。

    A．编译程序　　　　B．解释程序　　　　C．执行程序　　　D．目标程序

10. 计算机能直接执行的程序是（　　　）。

    A．Foxbase 源程序　　B．机器语言程序　　C．C 语言程序　　D．汇编语言程序

11. 基本上，计算机能直接处理的语言是由 0 与 1 所组合而成的语言，这种语言称为（　　　）。

    A．汇编语言　　　　B．人工语言　　　　C．机器语言　　　D．高级语言

12. 只有当程序要执行时，才会翻译成机器语言，并且一次只能读取、翻译，并执行源程序中的一行语句，此程序称为（　　　）。

    A．目标程序　　　　B．编辑程序　　　　C．解释程序　　　D．汇编程序

13. 汇编语言源程序翻译成目标程序需经（　　　）。

    A．监控程序　　　　B．汇编程序　　　　C．机器语言程序　　D．诊断程序

14. 汇编语言是程序设计语言中的一种（　　　）。

    A．低级语言　　　　B．机器语言　　　　C．高级语言　　　D．解释性语言

二、判断题

15.（　　）计算机软件中可以直接执行的二进制代码指令，称为高级语言。

16.（　　）用数据库语言编制的源程序，要经过数据库管理系统翻译成目标程序，才能被计算机执行。

17.（　　）C 语言源程序可以被机器直接执行。

三、填空题

18. 用汇编语言编写的源程序需经＿＿＿＿＿＿＿＿＿＿翻译成目标程序。

19. 将高级语言所写的程序翻译为机器语言的翻译程序有两种，即编译程序和＿＿＿＿＿＿＿＿＿＿。

20. 用助记符来表示指令的操作码和操作数，面向机器的程序设计语言是＿＿＿＿＿＿＿＿＿。

21．用高级语言编写的程序称为_____，经编译程序或程序翻译后成为_____。

22．将源程序翻译为目标程序/机器语言的翻译程序是_____或_____。

23．程序设计语言一般可分为_____、_____、_____。

24．计算机能识别并执行的语言是_____。

25．把高级语言编写的源程序转换为目标程序要经过_____。

26．高级语言源程序必须通过_____和_____才能生成计算机可执行的程序。

27．汇编程序源程序应通过_____和_____才能生成计算机可执行的程序。

第 5 章　存储系统

考纲要求

◇ 了解存储器的分级结构。
◇ 掌握存储器的分类和技术指标。
◇ 掌握随机读/写存储器的工作特征。

历年考点

	选择题	判断题	填空题
2008 年		存储器的分类	高速缓冲存储器
2009 年	内存储器		内存储器
2010 年	内存储器 存储器分类	高速缓冲存储器 内存储器	内存储器 USB 主存性能指标
2011 年	存储器的概念 高速缓冲存储器	存储器的分类	主存的基本概念 存储器的分类
2012 年		内存储器 USB	内存储器 高速缓冲存储器
2013 年	高速缓冲存储器		内存储器 动态随机存储器

5.1 存储器概述

1. 了解存储器的分类。
2. 掌握存储器的主要性能指标。

内容提要

1. 存储器的分类

1）按存储介质分类

（1）**半导体存储器**　分为双极型半导体存储器和 MOS 型半导体存储器。

（2）**磁表面存储器**　分为磁芯、磁盘、磁带、磁卡等。

（3）**光表面存储器**　CD-ROM、DVD-ROM 等。

2）按存取方式分类

（1）**随机存储器（RAM）**　分为静态随机存储器 SRAM 和动态随机存储器 DRAM。

（2）**只读存储器（ROM）**　掩模式 ROM、PROM、EPROM、EEPROM 等。

（3）两种半导体存储器进行了比较，见表 5-1-1。

表 5-1-1　两类半导体存储器的比较

类型	特点	读/写规则	存储内容
ROM	掉电信息不丢失	只能读出不能写入	固化的程序
RAM	掉电信息丢失	可以随机读出或写入	CPU 工作时的程序和数据

2. 按信息的可保存性分类

（1）易失性存储器。

（2）非易失性存储器。

3. 存储器的性能指标

（1）**存储周期**　是指进行两次连续的读（或写）操作之间所需间隔的最短时间。

（2）**存取周期**　又称为读/写时间，指完成一次存储器读（或写）操作所需的时间。

（3）**存储容量**　指存储器所能容纳的二进制信息量，多以字节为单位来衡量。常表示成字数*位数，如 2 K*8 位。

例题解析

【例 5-1-1】DRAM 存储器的中文含义是（　　　　）。

A. 静态随机存储器   B. 动态只读存储器

C. 静态只读存储器   D. 动态随机存储器

分析 RAM 可分为 DRAM（动态随机存储器）和 SRAM（静态随机存储器）。

答案 D

【例 5-1-2】 衡量存储器性能好坏的指标不包括（   ）。

A. 存储容量   B. 读/写时间   C. 存取周期   D. 吞吐率

分析 对于存储器而言，其主要性能衡量指标有存储容量、读/写时间、存取周期。

答案 D

【例 5-1-3】（江苏单招考题 2010 年 B）计算机中能与 CPU 直接交换数据的是_____。

A. 硬盘   B. 光盘   C. U 盘   D. 内存

分析 外存必须通过内存才能和 CPU 交换数据，其中，硬盘、光盘、U 盘都为外存。

答案 D

【例 5-1-4】（江苏单招考题 2011 年）存储器是计算机系统的记忆设备，它主要用来_____。

A. 存放微程序   B. 存放程序   C. 存放数据   D. 存放程序和数据

分析 存储器主要用来存放程序和数据。

答案 D

【例 5-1-5】（   ）（江苏单招考题 2008 年）EPROM 中的 ROM 的具体含义为 Read Only Memory，因而，EPROM 存储器是绝对不能写入的。

分析 EPROM 存储器不能用常规方法写入数据。可用强紫外线照射擦除数据。

答案 错

【例 5-1-6】（   ）（江苏单招考题 2011 年）外存比内存的存储容量大，存取速度快。

分析 外存俗称海量存储器，存储容量大，价格便宜，存取速度慢，而内存存储容量小，价格昂贵，存取速度快。

答案 错

拓展与变换 计算机中有多种存储器。存储器的选用比较注重性价比，相同的性能比价格的高低、相同的价格时比性能的高低。这样的性能可以是：存储容量、存取速度等。

【例 5-1-7】（江苏单招考题 2010 年）衡量一个主存储器的性能指标主要是存取时间、_____、存取周期、可靠性和性能价格比等。

分析 主存储器的性能指标主要有存取时间、存储容量、存取周期、可靠性和性能价格比等。

答案 存储容量

【例 5-1-8】（江苏单招考题 2011 年）内存条是指通过一条印制电路板将_____、电容、电阻等元器件焊接在一起形成的条形存储器。

分析 内存条是指通过一条印制电路板将存储芯片、电容、电阻等元器件焊接在一起形成的条形存储器。

答案 存储芯片

【例 5-1-9】（江苏单招考题 2011 年）按存取方式分，计算机主板上用于存放 CMOS 参数的存储芯片属于_____类。

分析 按存取方式存储器可分为 RAM 和 ROM，CMOS 本质上是 RAM 存储器，必须由电池对其供电才能保存 CMOS 参数。

答案 RAM

巩固练习

一、单项选择题

1. 存储器是计算机系统中的记忆设备，它主要用来（　　）。
    A. 存放数据　　　B. 存放程序　　　C. 存放数据和程序　　　D. 存放微程序
2. 存储单元是指（　　）。
    A. 存放一个二进制信息位的存储元　　B. 存放一个机器字的所有存储元集合
    C. 存放一个字节的所有存储元集合　　D. 存放两个字节的所有存储元集合
3. 存储周期是指（　　）。
    A. 存储器的读出时间
    B. 存储器的写入时间
    C. 存储器进行连续读和写操作所允许的最短时间间隔
    D. 存储器进行连续写操作所允许的最短时间间隔
4. 与外存储器相比，内存储器的特点是（　　）。
    A. 容量大、速度快、成本低　　　　B. 容量大、速度慢、成本高
    C. 容量小、速度快、成本高　　　　D. 容量小、速度快、成本低
5. EPROM 是指（　　）。
    A. 读/写存储器　　　　　　　　B. 只读存储器
    C. 闪速存储器　　　　　　　　D. 光擦除可编程只读存储器
6. 下列可以直接与 CPU 相互交换数据的存储器是（　　）。
    A. 闪存　　　　B. 磁盘　　　　C. 光盘　　　　D. 内存
7. 内存条常用的存储介质是（　　）。
    A. DRAM　　　B. SRAM　　　C. PROM　　　D. EEPROM
8. 计算机中，1 MB 表示的二进制数的位数是（　　）。
    A. 1000　　　B. 8*1000　　　C. $8*2^{20}$　　　D. $8*2^{10}$
9. 计算机中用于表示存储器容量的基本单位是（　　）。
    A. 字长　　　B. 字节　　　C. 千字节　　　D. 兆字节
10. 计算机中的 1 K 字节表示的二进制位数是（　　）。

A．1000　　　　　　B．8*1000　　　　　C．1024　　　　　　D．8*1024

11．CPU 能直接访问的存储器是（　　　）。

    A．内存储器　　　　　　　　　　　B．软磁盘存储器

    C．硬磁盘存储器　　　　　　　　　D．光盘存储器

12．计算机中用于表示存储空间大小的最基本单位是（　　　）。

    A．字长　　　　　　B．字节　　　　　　C．千字节　　　　　　D．兆字节

13．CD-ROM 光盘片的存储容量大约为（　　　）。

    A．100 MB　　　　B．650 MB　　　　C．1.2 GB　　　　　D．1.44 GB

14．微型计算机中常用的英文词 bit 的中文意思是（　　　）。

    A．计算机字　　　　B．字节　　　　　C．二进制位　　　　　D．字长

15．具有多媒体功能的微型计算机系统，常用 CD-ROM 作为外存储器，它是（　　　）。

    A．只读存储器　　　B．只读光盘　　　C．只读硬盘　　　　　D．只读大容量软盘

16．微型计算机中存储数据的最小单位是（　　　）。

    A．字节　　　　　　B．字　　　　　　C．位　　　　　　　D．KB

17．计算机的存储器系统是指（　　　）。

    A．RAM　　　　　　　　　　　　　B．ROM

    C．主存储器　　　　　　　　　　　D．cache、主存储器和外存储器

18．下列说法正确的是（　　　）。

    A．半导体 RAM 信息可读、可写，且断电后仍能保持记忆

    B．半导体 RAM 属挥发性存储器，而静态的 RAM 存储信息是非挥发性的

    C．静态 RAM、动态 RAM 都属挥发性存储器，断电后存储的信息将消失

    D．ROM 不用刷新，且集成度比动态 RAM 高，断电后存储的信息将消失

19．下面所述不正确的是（　　　）。

    A．随机存储器可随时存取信息，掉电后信息丢失

    B．在访问随机存储器时，访问时间与单元的物理位置无关

    C．内存储器中存储的信息均是不可改变的

    D．随机存储器和只读存储器可以统一编址

20．对于没有外存储器的计算机来说，监控程序可以存放在（　　　）。

    A．RAM　　　　　B．ROM　　　　　　C．RAM 和 ROM　　　　D．CPU

21．通常所说的内存条指的是（　　　）。

    A．ROM　　　　　B．ROM 和 CAM　　C．ROM、RAM 和 Cache　　D．RAM

22．ROM 与 RAM 的主要区别是（　　　）。

    A．断电后，ROM 内保存的信息会丢失，RAM 则可长期保存而不会丢失

    B．断电后，RAM 内保存的信息会丢失，ROM 则可长期保存而不会丢失

    C．ROM 是外存储器，RAM 是内存储器

    D．ROM 是内存储器，RAM 是外存储器

23．如果电源突然中断，哪种存储器中的信息会丢失而无法恢复（　　　）。

    A．ROM　　　　　B．ROM 和 RAM　　　　C．RAM　　　　　D．软盘

24．下面列出的四种存储器中，信息易失性存储器是（　　　）。

A．RAM B．ROM C．PROM D．CD-ROM

25．在微型计算机中，ROM 是（ ）。

A．顺序读/写存储器 B．随机读/写存储器

C．只读存储器 D．高速缓冲存储器

26．下列存储器中断电后信息将会丢失的是（ ）

A．ROM B．RAM C．CD-ROM D．磁盘存储器

27．主存常用的存储器是（ ）。

A．RAM B．ALU C．CD-ROM D．CPU

28．存储器按存取方式分类，可分为（ ）。

A．CPU 控制的存储器和外部设备控制的存储器两类

B．只读存储器和只写存储器两类

C．直接存取存储器和间接存取存储器两类

D．随机存取存储器、只读存储器、顺序存取存储器和直接存取存储器

29．可编程的只读存储器（ ）。

A．不一定可以改写 B．一定可以改写

C．一定不可以改写 D．以上都不对

30．和外存储器相比，内存储器的特点是（ ）。

A．容量大、速度快、成本低 B．容量大、速度慢、成本高

C．容量小、速度快、成本高 D．容量小、速度快、成本低

31．在半导体随机存取存储器中，（ ）。

A．读出时不破坏原来信息，断电以后原信息也不会消失

B．读出时破坏原来信息，断电以后原信息也不会消失

C．读出时不破坏原来信息，断电以后原信息也会消失

D．读出时破坏原来信息，断电以后原信息也会消失

32．存取时间是指（ ）。

A．向存储器写入或读出一个数据所需的时间

B．存储器进行连续读操作所允许的最短时间间隔

C．存储器进行连续读和写操作所允许的最短时间间隔

D．存储器进行连续写操作所允许的最短时间间隔

33．下列不可重擦写的存储器是（ ）。

A．RAM B．ROM C．PROM D．EPROM

二、判断题

34．（ ）外存比内存的存储容量大，存取速度快。

35．（ ）内存与外存都能直接向 CPU 提供数据。

36．（ ）ROM 是只读存储器，其中的内容只能读出一次，下次就读不出来了。

37．（ ）任何存储器都有记忆能力，其中的信息不会丢失。

38．（ ）目前主存分为两类：一类称为 RAM，其内容只允许存入；另一类称为 ROM，只允许读出。

39．（ ）就存取速度而论，软盘比硬盘快，硬盘比内存快。

40. （　　　）字节是计算机进行数据存储和数据处理的运算单位。

41. （　　　）计算机的内存由 RAM 和的 ROM 两种半导体存储器组成。

42. （　　　）在个人计算机使用过程中，RAM 中保存的信息会突然全部丢失，而 ROM 中保存的信息不受影响。

43. （　　　）CPU 访问存储器的时间是由存储器的容量决定的，存储器容量越大，访问存储器所需的时间越长。

44. （　　　）因为半导体存储器加电后才能存储数据，断电后数据就丢失，因而，EPROM 做成的存储器，加电后必须重写原来的内容。

45. （　　　）连续启动两次独立存储器操作所需最小的时间间隔为存取时间。

46. （　　　）字节是计算机进行存储和数据处理的运算单位。

47. （　　　）连续启动两次独立存储器操作所需最小的时间间隔为存储周期。

48. （　　　）字是计算机进行存储和数据处理的运算单位。

49. （　　　）所有存储器只有当电源正常时才能存储信息。

50. （　　　）任何存储器都有记忆能力，其中的信息不会丢失。

51. （　　　）一般情况下，ROM 和 RAM 在存储体中是统一编址的。

52. （　　　）在计算机中，存储器是数据传送的中心，但访问存储器的请求是由 CPU 或 I/O 所发出的。

53. （　　　）在微型机运行过程中若突然断电，则 RAM 中的信息全部丢失。

三、填空题

54. 半导体存储器分为＿＿＿＿＿＿＿＿＿、＿＿＿＿＿＿＿＿＿和只读存储器。

55. 主存储器一般采用＿＿＿＿＿存储器件，它与外存比较，存取速度＿＿＿＿＿、成本＿＿＿＿＿。

56. CPU 能直接访问＿＿＿＿＿＿＿＿和＿＿＿＿＿＿＿，但不能直接访问磁盘和光盘。

57. 广泛使用的＿＿＿＿＿＿＿和＿＿＿＿＿＿＿都是半导体存储器。前者的速度比后者快，但＿＿＿＿＿不如后者高，它们的共同缺点是断电后＿＿＿＿＿＿＿保存信息。

58. 主存储器的技术指标有＿＿＿＿＿＿＿、＿＿＿＿＿＿＿和存储周期。

59. 计算机的内存比外存速度＿＿＿＿，内存可分为＿＿＿＿＿和＿＿＿＿＿，＿＿＿＿存可与 CPU 直接交换信息。

60. 对存储器的访问包括＿＿＿＿＿＿＿和＿＿＿＿＿＿＿两类。

61. 计算机系统中的存储器分为＿＿＿＿＿＿＿和＿＿＿＿＿＿＿。在 CPU 执行程序时，必须将指令存放在＿＿＿＿＿＿＿中。

62. 只读存储器 ROM 可分为＿＿＿＿＿、＿＿＿＿＿、＿＿＿＿＿、＿＿＿＿＿四种。

63. 计算机中 RAM 的中文含义是＿＿＿＿＿；ROM 的中文含义是＿＿＿＿＿。

64. 内存储器分为两种类型：随机存取存储器和＿＿＿＿＿。人们通常所说的内存是指＿＿＿＿＿。

65. 随机存储器中的信息在突然断电时会＿＿＿＿＿；只读存储器中的信息在突然断电时＿＿＿＿＿。

66. PROM 是_____，EPROM 是_____，EEPROM 是_____。

5.2 内存储器

学习目标

1. 掌握内存储器的分类。
2. 了解内存储器的组织。

内容提要

1. RAM 的分类

随机读/写存储器（RAM）主要用于存储 CPU 工作时的程序和数据，需要执行的程序或需要处理的数据一般都必须先装入 RAM 才能工作，关机后，RAM 中存储内容将消失。

RAM 根据内部电路及外部特征的区别又可分为以下几项：

（1）静态 RAM（Static RAM）简称 SRAM，其存储单位电路是以双稳态电路作为基础，没有触发状态不会改变，不需要刷新，所以静态 RAM 所存信息只要不掉电，信息就不会丢失。电路较复杂，集成度低，价格高。常用作高速缓存。

（2）动态 RAM（Dynamic RAM）简称 DRAM，其存储单元是以电容为基础，因而，电路简单，集成度高，发热量高。由于电容中的电荷会逐渐丢失，因而，动态存储器必须定时充电—刷新。刷新是以行为单位进行的，常用的刷新有集中式刷新、分散式刷新和异步式刷新三种。内存的大部分都是由 DRAM 构成的，俗称内存条。

2. 内存储器的组织

1）存储体

存储体是存储单元的集合。其容量的描述一般采用"字数*位数"来表示，例如，Intel12114 芯片，为 1 K*4 位，即每个芯片上有 1 K 个编址单元，每个单元有 4 位。

2）地址译码方式

地址译码有两种方式：一种是单译码方式，适用于小容量存储器；另一种是双译码方式，适用于大容量存储器。

3）主存储器的组织

由于当前生产的存储器芯片的容量是有限的，要组成实际需要的存储器，需要在字向和位向间进行扩展。

（1）位扩展法（又称为并联扩展）

位扩展法是进行位数的扩充（加大字长），存储器的字数与存储芯片的字数相同。如用 2114（1 K×4 位）芯片组成一个容量为 1 K×8 位的存储器，则需要芯片数目为（1 K×8）/（1 K×4）=2 个。

（2）字扩展法（又称为串联扩展）

字扩展法是指存储器位数不变而在字方向要扩展。如用 2114（1 K*4 位）芯片组成一个容量为 16 K*4 位的存储器，则需要芯片数目为（8 K*16）/（1 K*4）=16 个。

（3）字位扩展法

实际工作中的存储器通常在字、位方向都要扩展。如用 2114（1 K*4 位）芯片组成一个容量为 8 K*16 位存储器，则需要芯片数目为（8 K*16）/（1 K*4）=32 个。

说明 在存储芯片组成实际的存储器时，在进行位扩展时要注意字长的倍数。

4）与 CPU 的连接

（1）线选方案

线选方案就是用低位地址进行每片内的存储单元寻址，用高位地址线作为各片的片选信号线，其构成的存储器地址是不连续的，一般适用于较小的存储系统。

（2）译码器方案

译码器方案是用低位进行每片内的存储单元寻址，用高位地址线经译码器译码输出进行片选，其构成的存储器地址是连续的，广泛应用于各存储系统。

例题解析

【例 5-2-1】DRM 存储器的中文含义是（　　）。

  A．静态随机存储器　　　　　　　　B．动态只读存储器

  C．静态只读存储器　　　　　　　　D．动态随机存储器

分析 RAM 可分为 DRAM（动态随机存储器）和 SRAM（静态随机存储器）。

答案 D

【例 5-2-2】某存储器的容量为 876 KB，起始地址为 3C000H，则最大地址（用十六进制表示）为（　　）。

  A．110FFFH　　　　B．FFFFFFH　　　　C．116FFFH　　　　D．166FFFH

分析 末地址（最大地址）－起始地址 +1=容量

容量 =876 KB=876*2^{10}B=1101101100*2^{10}B=DB000H，则

末地址 =容量 － 1+起始地址 =DB000H－1+3C000H =DAFFFH+3C000H=116FFFH

答案 C

拓展与变换 本题难点是 876 KB 换算为 DB000H。876 KB 是二进制，DB000H 是十六进制。

【例 5-2-3】关于 SRAM 和 DRAM 的说法中正确的是（　　）。

  A．SRAM 断电后信息保留，而 DRAM 断电后信息不保留

  B．SRAM 只要电源不断电，信息就不会丢失

  C．DRAM 只要电源不断电，信息就不会丢失

  D．SRAM 要求 CPU 每隔 1~2 ms 便要对存储器刷新一次

分析 SRAM 和 DRAM 都属于 RAM，在断电的情况下信息均会丢失，而 SRAM 是静态随机存储器，只要电源不断电，其中的信息可长时间保存，而 DRAM 是采用电容作为存储单位的动态随机存储器，即使电源不断电其中的信息仍然会丢失，为了保证其中的信息可长时间保存需每隔 1~2 ms 便要对存储器刷新一次。

答案 B

【例5-2-4】写入信息后不可以对信息进行擦除的是（　　　）。

  A．PROM   B．FLASH ROM C．EPROM D．EEROM

分析 FLASH ROM、EPROM和EEROM均可以对其中的信息进行擦除，FLASH ROM可大规模地进行清除，EPROM是借用紫外光一个字节一个字节的进行擦除，而EEROM是可以在机内进行带电擦除的ROM，只有PROM和掩膜式ROM是不可以进行信息擦除的ROM。

答案 A

【例5-2-5】（江苏单招考题2009年）一台计算机某内存单元地址为640 K，该内存地址用十六进制表示为_____。

  A．A0000H   B．AFFFFH   C．9FFFFH   D．BFFFFH

分析

640 K=640*1 K

=640*1024

=（2^6*10）*2^{10}

=10*2^{16}

=1010*10000 0000 0000 0000B

=1010 0000 0000 0000 0000B

=A0000H

答案 A

【例5-2-6】（江苏单招考题2010年）对于SRAM，容量为64 KB的芯片需_____根地址线。

  A．14   B．16   C．18   D．20

分析 64 KB=2^6*2^{10}=2^{16}。

答案 B

【例5-2-7】（江苏单招考题2010年B）设有一个具有14位地址和8位字长的存储器，能存储_____KB的信息。

分析 2^{14}*8/8=16*2^{10}B=16 KB。

答案 16

【例5-2-8】（　　　）（江苏单招考题2012年）动态随机存储器必须通过不断刷新才能保存存储数据的正确。

  分析 DRAM其存储单元是以电容为基础，电平随着时间会发生衰减，数据只能保持很短的时间。为了保持数据，DRAM使用电容存储，所以必须隔一段时间刷新一次，如果存储单元没有被刷新，存储的信息就会丢失。

答案 对

拓展与变换 本题可以进行变换。如为了保证动态随机存取存储器 DRAM 存储的信息不丢失，需定时给电容补充电荷，称为 DRAM 的_____。

【例 5-2-9】（江苏单招考题 2009 年）一个 8 K*8 位的存储器需_____个 2 K*4 位的存储芯片组成。

分析 （8 K*8）/（2 K*4）=8。

答案 8

【例 5-2-10】（江苏单招考题 2012 年）组成一个具有 24 位地址和 8 位字长的存储器，需要_____片 8 M*1 位的 RAM 芯片。

分析 $(2^{20+4}*8)/(8 M*1) = (16 M*8)/(8 M*1) =16$。

答案 16

【例 5-2-11】（   ）（江苏单招考题 2010 年 B）SRAM 集成度低，价格高，速度快，常用于高速缓存。

分析 SRAM 是英文 Static RAM 的缩写，即静态随机存储器。它是一种具有静止存取功能的内存，不需要刷新电路即能保存它内部存储的数据。它的速度快，但集成度不高。

答案 对

巩固练习

一、单项选择题

1. 在计算机中，土机由微处理器与下列哪一个组成（   ）。
    A．运算器　　　　　　　　　　B．磁盘存储器
    C．软盘存储器　　　　　　　　D．内存储器

2. 在半导体存储器中，DRAM 的特点是（   ）。
    A．信息在存储介质中移动　　　B．按字结构方式存储
    C．按位结构方式存储　　　　　D．每隔一定时间要进行一次刷新

3. 某 DRAM 芯片，其存储容量为 512 K×8 位，该芯片的地址线和数据线数目为（   ）。
    A．8，521　　　B．512，8　　　C．18，8　　　D．19，8

4. 若内存容量为 64 KB，则访问内存所需地址线条数为（   ）。
    A．16　　　　　B．20　　　　　C．18　　　　　D．19

5. 组成 2 M×8 bit 的内存，可以使用（   ）。
    A．1 M×8 bit 进行并联　　　　B．1 M×4 bit 进行串联
    C．2 M×4 bit 进行并联　　　　D．2 M×4 bit 进行串联

6. 若 RAM 中每个存储单元为 16 位，则下面所述正确的是（   ）。
    A．地址线也是 16 位　　　　　B．地址线与 16 无关
    C．地址线与 16 有关　　　　　D．地址线不得少于 16 位

7. 某微型计算机系统，若操作系统保存在软盘上，其内存储器应该采用（   ）。
    A．RAM　　　　B．ROM　　　　C．RAM 和 ROM　　　D．CCP

8. 640 KB 的内存容量为（ ）。

  A. 640000 字节   B. 64000 字节

  C. 655360 字节   D. 32000 字节

9. 若一台计算机的字长为 4 个字节，则表明该机器（ ）。

  A. 能处理的数值最大为 4 位十进制数

  B. 能处理的数值最多由 4 位二进制数组成

  C. 在 CPU 中能够作为一个整体加以处理的二进制代码为 32 位

  D. 在 CPU 中运算的结果最大为 2 的 32 次方

10. 在半导体存储器中，DRAM 的特点是（ ）。

  A. 信息在存储介质中移动   B. 每隔一定时间进行一次刷新

  C. 按位结构方式存储   D. 按字结构方式存储

11. 内存若为 16 兆（MB），则表示其容量为（ ）。

  A. 16 KB   B. 16384 KB   C. 1024 KB   D. 16000 KB

12. 若 RAM 芯片的容量是 2 M×8 bit，则该芯片引脚中地址线和数据线的数目之和是
（ ）。

  A. 21   B. 29   C. 18   D. 不可估计

13. 若存储器中有 1 K 个存储单元，采用双译码方式时要求译码输出线为（ ）。

  A. 1024   B. 10   C. 32   D. 64

14. RAM 芯片串联时可以（ ）。

  A. 增加存储器字长   B. 增加存储单元数量

  C. 提高存储器的速度   D. 降低存储器的平均价格

15. 与动态 MOS 存储器相比，双极型半导体存储器的特点是（ ）。

  A. 速度快   B. 集成度高

  C. 功耗小   D. 容量大

16. 某 RAM 芯片，其存储容量为 1024 K×16 位，该芯片的地址线和数据线数目分别为
（ ）。

  A. 20，16   B. 20，4

  C. 1024，4   D. 1024，16

17. 主存中每个存储单元都有一个唯一的编号，称为（ ）。

  A. 字节   B. 地址

  C. 字长   D. 号码

18. 要使用 16 K×1 位的存储芯片组成 16 K×8 位的存储器，其容量为 16 K，字长为 8 位，
则应有地址线、数据线分别为（ ）。

  A. 10 根、6 根   B. 16 根、8 根

  C. 14 根、8 根   D. 8 根、16 根

二、判断题

19.（   ）大多数个人计算机中可配置的内存容量受地址总线位数限制。

20.（   ）1000 个 16×16 点阵的汉字，需要占 31.25 KB 的存储容量。

21.（   ）因为动态存储器是破坏性读出，所以必须不断地刷新。

22.（　　）固定存储器（ROM）中的任何一个单元不能随机访问。

23.（　　）在计算机中，存储器是数据传送的中心，但访问存储器的请求是由 CPU 或 I/O 所发出的。

24.（　　）1000 个 32×32 点阵的汉字，需要占 31.25 KB 的存储容量。

25.（　　）动态 RAM 和静态 RAM 都是易失性半导体存储器。

三、填空题

26. 半导体动态 RAM 和静态 RAM 的主要区别是＿＿＿＿＿＿＿＿＿＿＿＿＿＿＿＿＿。

27. 动态半导体存储器的刷新一般有＿＿＿＿＿＿、＿＿＿＿＿＿和＿＿＿＿＿＿三种方式。

28. 对存储器的要求是＿＿＿＿＿＿，＿＿＿＿＿＿，＿＿＿＿＿＿。为了解决这三个方面的矛盾，计算机采用多级存储器体系结构。

29. 动态存储单元以电荷的形式将信息存储在电容上，由于电路中存在＿＿＿＿＿＿，因而，需要不断地进行＿＿＿＿＿＿。

30. 在计算机系统中，对输入/输出设备进行管理的基本系统是存放在＿＿＿＿＿＿中。

31. 如果要运行一个指令的程序，那么必须将这个程序装入到＿＿＿＿＿＿中。

32. CPU 能直接访问的存储器是＿＿＿＿＿＿。

33. 存储器通过＿＿＿＿＿＿标识不同的存储单元。

34. RAM 的访问时间与存储单元的物理位置＿＿＿＿＿＿，任何存储单元的内容都能＿＿＿＿＿＿被访问。

35. 存储器芯片由＿＿＿＿＿＿、＿＿＿＿＿＿、地址译码和控制电路等组成。

36. 已知某芯片的存储容量为 16 K*8b，则该存储芯片有＿＿＿＿＿＿根地址线，每个存储单元可存储＿＿＿＿＿＿个字节。

37. 地址译码分为＿＿＿＿＿＿和＿＿＿＿＿＿方式。

38. 若 RAM 芯片内有 1024 个单元，用单译码方式，地址译码器将有＿＿＿＿＿＿条输出线；用双译码方式，则地址译码器有＿＿＿＿＿＿条输出线。

39. 静态存储单元是由晶体管构成的＿＿＿＿＿＿，保证记忆单元始终处于稳定状态，存储的信息不需要＿＿＿＿＿＿。

40. 存储器芯片并联的目的是为了＿＿＿＿＿＿，串联的目的是为了＿＿＿＿＿＿。

41. 要组成容量为 4 M×8 位的存储器，需要＿＿＿＿＿＿片 4 M×1 位的存储器芯片并联，或者需要＿＿＿＿＿＿片 1 M×8 的存储器芯片串联。

42. 内存储器容量为 256 K 时，若首地址为 00000H，那么末地址的十六进制表示是＿＿＿＿＿＿。

43. 半导体 SRAM 靠＿＿＿＿＿＿存储信息，半导体 DRAM 则是靠＿＿＿＿＿＿存储信息。

44. CPU 是按＿＿＿＿＿＿访问存储器中的数据。

45. EPROM 属于＿＿＿＿＿＿的可编程 ROM，擦除时一般使用＿＿＿＿＿＿，写入时使用高压脉冲。

46. 8192 个汉字，用内码存储，需要 4 K×8 存储芯片＿＿＿＿＿＿片。

47. SRAM 是＿＿＿＿＿＿；DRAM 是＿＿＿＿＿＿；ROM 是＿＿＿＿＿＿；EPROM 是＿＿＿＿＿＿。

5.3　高速缓冲存储器和虚拟存储器

学习目标

1. 了解高速缓冲存储器。
2. 了解虚拟存储器。

内容提要

1. 高速缓冲存储器

高速缓冲存储器 Cache，可以设置在 CPU 内部，它与运算和控制部件距离较近，工作过程完全由硬件电路控制，因而，数据的存取速度很快，一般速度高出内存数倍。Cache 是由 SRAM 构成，容量较小、集成度较高。

1）高速缓冲存储器的必要性

目前，计算机使用的内存主要为动态 RAM，它具有价格低、容量大的特点，但由于是用电容存储信息，所以存取速度难以提高。而 CPU 的速度提高很快，一般情况下，CPU 速度比动态 RAM 快数倍至一个数量级以上，导致了两者的速度不匹配。

2）高速缓冲存储器的可行性

指令地址的分布是连续的，再加上循环程序和子程序段要重复执行多次，因而，对这些地址的访问具有时间上集中分布的倾向。这种对局部范围的存储器地址频繁访问，而对此范围以外的地址则访问甚少的现象，称为程序访问的局部性。根据程序的局部性原理，在主存和 CPU 之间设置 Cache，把正在执行的指令地址附近的一部分指令或数据从主存装入 Cache 中，供 CPU 在一段时间内使用，是完全可行的。

3）Cache 存储器的基本工作原理

在主存—Cache 存储体系中，所有的程序和数据都在主存中，Cache 存储器只是存放主存中一部分程序块和数据块的副本，这是一种以块为单位的存储方式。Cache 分两级 Cache 结构。Cache 具有存储器的两种基本操作，即读操作和写操作。

4）地址映像

（1）**直接映像**　每个主存地址映像到 Cache 中的一个指定地址的方式称为直接映像。

（2）**全相联映像**　主存中的每一个字块可映像到 Cache 任何一个字块位置上。

（3）**组相联映像**　将存储空间分成若干组，各组之间为直接映像，而组内各块之间则为全相联映像。

5）替换策略

（1）先进先出策略——FIFO 策略。

（2）近期最少使用策略——LRU 策略。

2. 虚拟存储器

1）虚拟存储器的基本概念

虚拟存储技术首先是为了克服内存空间不足而提出的。虚拟存储技术是在主存与辅存之间，增加软件及必要的硬件，使主、辅存之间的信息交换，程序再定位，地址的转换都能自动进行，使两者形成一个有机的整体。由于程序员可以用到的空间远远大于主存的实际空间，但实际并不存在这么大的主存，称为虚拟存储器，简称 VM。

2）虚拟存储器的管理方式

（1）段式管理。

（2）页式管理。

（3）段页式管理。

3）虚拟存储器的工作过程

（1）快表。

（2）帧页表。

（3）外页表。

例题解析

【例 5-3-1】在主存—Cache 的存储系统中，下列说法中正确的是（　　）。

　　A．程序总是存放在主存中，而数据存放在 Cache 中

　　B．程序总是存放在 Cache 中，而数据存放在主存中

　　C．程序和数据都存放在主存中，而 Cache 中存放的是一部分程序和数据的副本

　　D．程序和数据总是存放在 Cache 中

分析 主存中存放的是当前执行的程序及所需数据，可供 CPU 直接访问，为了弥补主存速度不足，使之与 CPU 的速度相匹配，则在 CPU 和主存之间增加了 Cache，而 Cache 中存放的是一部分程序和数据的副本，以提高 CPU 的命中率，从而提高 CPU 的工作效率。

答案 C

【例 5-3-2】下列关于 Cache 的叙述中，错误的是（　　）。

　　A．Cache 的容量通常比主存小

　　B．Cache 通常由 FLASH MEMORY 组成

　　C．Cache 可以提高 CPU 读取指令和数据的速度

　　D．Cache 又称为快存，是介于 CPU 和主存之间的存储器

分析 Cache 是由 SRAM 构成。它的别名为快存，是介于 CPU 和主存之间的一种存储器。它的容量比主存小，通常为 2 MB、4 MB 等。

答案 B

【例 5-3-3】下列关于 Cache 的叙述中，错误的是（　　）。

　　A．Cache 也是一种存储器

　　B．取数据时，CPU 先到 Cache 中去取，若没有则到主存中去取，同时将数据复制到 Cache 中

　　C．Cache 是 CPU 内的一个寄存器

　　D．Cache 是介于 CPU 和主存之间的存储器

分析 为解决 CPU 与内存速度不匹配问题而引入 Cache 技术，现在虽然 Cache 已制作在 CPU 内部，但不是 CPU 内的寄存器。

答案 C

【例 5-3-4】（江苏单招考题 2011 年）微型计算机中的 Cache 表示（　　）。

　　A．动态存储器　　　　　　　　　　B．高速缓冲存储器

　　C．外存储器　　　　　　　　　　　D．可擦除可编程只读存储器

分析 高速缓冲存储器（Cache）其原始意义是指存取速度比一般随机存取记忆体（RAM）来得快的一种 RAM，一般而言，它不像系统主记忆体那样使用 DRAM 技术，而使用昂贵但较快速的 SRAM 技术，也有快取记忆体的名称。

答案 B

【例 5-3-5】（江苏单招考题 2013 年）下列存储器中，存取速度最快的是（　　）。

　　A．Cache　　　　　　B．主存　　　　　　C．硬盘　　　　D．光盘

分析 存取速度从快到慢分别为 Cache、主存、外存。

答案 A

【例 5-3-6】（　　）（江苏单招考题 2010 年 A）计算机中 Cache 的应用，是基于程序访问的局部性原理。

分析 高速缓冲存储器的必要性：CPU 速度很快，一般情况下，CPU 速度比动态 RAM 快数倍至一个数量级以上，导致了两者的速度不匹配。高速缓冲存储器的可行性：程序访问的局部性原理。

答案 对

【例 5-3-7】（　　）（江苏单招考题 2012 年）通用串行总线 USB 采用 4 条引线且支持热插拔。

分析 USB 支持即插即用和热插拔功能。

答案 对

【例 5-3-8】（江苏单招考题 2008 年）用于制作 Cache 的存储器是_____。

分析 在半导体存储器中，只有双极型静态 RAM 的存取速度与 CPU 速度处于同一数量级，但这种 RAM 价格较高，功耗较大，集成度低。

答案 SRAM

拓展与变换 本题的要点主要是性价比。双极型静态 RAM 性能：存取速度很快，能够与 CPU 处于同一数量级；而集成度低、功耗较大，产生的热量就多，因而，容量不宜做大。

【例 5-3-9】（江苏单招考题 2010 年 A）USB 通用串行总线的特点是连接简单，传输速度快，支持热插拔。它有_____条引线与 USB 设备相连。

分析 USB 统一的 4 针圆形插头将取代机箱后的众多串/并口等插头。

答案 4

【例 5-3-10】（江苏单招考题 2012 年）在计算机内部设置高速缓存存储器的依据是程序运行的_____原理。

分析 高速缓冲存储器的必要性：CPU 速度很快，一般情况下，CPU 速度比动态 RAM 快数倍至一个数量级以上，导致了两者的速度不匹配。高速缓冲存储器的可行性：程序访问的局部性原理。

答案 局部性

巩固练习

一、单项选择题

1．计算机的存储器采用分级存储体系的主要目的是（　　　）。
　　A．便于读/写数据　　　　　　　　B．缩小机箱的体积
　　C．便于系统升级　　　　　　　　D．解决存储容量、价格和存储速度之间的矛盾

2．主存储器与 CPU 之间增加 Cache 的目的是（　　　）。
　　A．解决 CPU 和主存之间的速度匹配问题
　　B．扩大主存储器的容量
　　C．扩大 CPU 中通用寄存器的数量
　　D．既扩大主存容量，又扩大 CPU 通用寄存器数量

3．下列因素中，与 Cache 的命中率无关的是（　　　）。
　　A．主存的存取时间　　　　　　　　B．块的大小
　　C．Cache 的组织方式　　　　　　　D．Cache 的容量

4．在下列 Cache 的替换算法中，命中率最高的是（　　　）。
　　A．最不经常使用算法（LFU）　　　B．近期最少使用算法（LRU）
　　C．随机替换　　　　　　　　　　　D．FIFO 算法

5．在 Cache 的地址映射中，若主存中的任意一块均可映射到 Cache 内的任意一块的位置上，这种方法称为（　　　）。
　　A．全相联映射　　　B．直接映射　　　C．组相联映射　　　D．混合映射

6．在三层次存储系统中不包括（　　　）。
　　A．Cache　　　　　　B．主存储器　　　C．寄存器　　　　D．辅助存储器

7．在下列存储器中，访问速度排列正确的是（　　　）。
　　A．寄存器、Cache、硬盘、内存储器、软盘
　　B．存储器、硬盘、寄存器、CACHE、软盘
　　C．内存储器、Cache、硬盘、软盘、寄存器
　　D．寄存器、Cache、内存储器、硬盘、软盘

8．在 Cache—主存的存储系统中，下列说法正确的是（　　　）。
　　A．程序总是放在主存中，而数据放在 Cache 中
　　B．程序总是放在 Cache 中，而数据放在主存中
　　C．程序和数据都存放在主存中，而 Cache 中存放的是一部分程序和数据的副本

D．程序和数据总是放在 Cache 中

9．在多级存储体系中，"Cache－主存"结构的作用是解决（　　）的问题（　　）。

A．主存容量不足　　　　　　　　　　B．主存与辅存速度不匹配

C．辅存与 CPU 速度不匹配　　　　　D．主存与 CPU 速度不匹配

10．Cache 是指计算机的哪一部分（　　）。

A．主存储器　　　B．外存储器　　　　　C．堆栈存储器　　　　D．高速缓冲存储器

11．下列元件中存取速度最快的是（　　）。

A．Cache　　　　B．寄存器　　　C．内存　　　D．外存

12．计算机的存储器采用分级方式是为了（　　）。

A．减少主机箱的体积　　　　　　　　B．解决容量、价格、速度三者之间的矛盾

C．保存大量数据方便　　　　　　　　D．操作方便

13．程序访问的局限性使用的依据是（　　）。

A．缓冲　　　　　B．Cache　　　　　　C．虚拟内存　　　D．进程

14．有关高速缓冲存储器 Cache 的说法正确的是（　　）。

A．只能在 CPU 以外　　　　　　　　B．CPU 内外都可设置 Cache

C．只能在 CPU 以内　　　　　　　　D．若存在 Cache，CPU 就不能再访问内存

15．现行奔腾机的主板上都带有 Cache 存储器，这个 Cache 存储器是（　　）。

A．硬盘与主存之间的缓存　　　　　　B．软盘与主存之间的缓存

C．CPU 与视频设备之间的缓存　　　　D．CPU 与主存器之间的缓存

16．在下列 Cache 的替换算法中，速度最快的是（　　）。

A．最不经常使用算法（LFU）　　　　B．近期最少使用算法（LRU）

C．随机替换　　　　　　　　　　　　D．FIFO 算法

17．下列存储器中速度最快的是（　　）。

A．硬盘存储器　　　　B．高速缓冲存储器　　　　C．内存储器　　　D．软盘存储器

18．采用虚拟存储器的主要目的是（　　）。

A．提高主存储器的存取速度

B．扩大主存储器的存储空间，并能进行自动管理和调度

C．提高外存储器的存取速度

D．扩大外存储器的存储空间

19．常用的虚拟存储系统由（　　）两级存储器组成，其中，辅存是大容量的磁表面存储器。

A．主存－辅存　　　　　　　　　　　B．快存－主存

C．快存－辅存　　　　　　　　　　　D．通用寄存器－主存

20．在虚拟存储器中，当程序正在执行时，（　　）完成地址映射。

A．程序员　　　　　B．编译器　　　C．装入程序　　　D．操作系统

21．虚拟段页式存储管理方案的特点为（　　）。

A．空间浪费大、存储共享不易、存储保护容易、不能动态连接

B．空间浪费小、存储共享容易、存储保护不易、不能动态连接

C．空间浪费大、存储共享不易、存储保护容易、能动态连接

D．空间浪费小、存储共享容易、存储保护不易、能动态连接

22. 下列说法中不正确的是（　　）。

　　A. 每个程序员的虚地址空间可以远大于实地址空间，也可以远小于实地址空间

　　B. 多级存储体系由 Cache、主存和虚拟存储器构成

　　C. Cache 和虚拟存储器这两种存储器管理策略都利用了程序的局部性原理

　　D. 当 Cache 未命中时，CPU 可以直接访问主存，而外存与 CPU 之间没有直接通路

23. 采用虚拟存储器的主要目的是（　　）。

　　A. 提高主存的存储空间，并能自动管理和调度

　　B. 提高外存的存取速度

　　C. 扩大主存的物理空间大小

　　D. 提高主存的存储速度

24. 虚拟存储器与一般的主存—辅存系统的本质区别之一是（　　）。

　　A. 虚拟存储器允许程序设计人员使用比主存容量大得多的地址空间，而且不必用编
　　　　程方法来进行虚实地址的变换

　　B. 虚拟存储器允许程序设计人员使用比主存容量大得多的地址空间，但是编程时，
　　　　必须用变址器寻址或基址寻址方式对虚实地址进行变换

　　C. 实现虚拟存储器不需要进行虚实地址的变换

　　D. 若使用存储器，编程人员必须对主辅存的存储空间进行分配

二、判断题

25. （　　）Cache 与主存统一编址，即主存空间的某一部分属于 Cache。

26. （　　）在存储体系结构中，"主存－辅存"层次需要硬件和软件的共同支持。

27. （　　）Cache 中内容是从主存中映射过来的，故在内存中都能够找到。

28. （　　）Cache 是内存的一部分，它可由指令直接访问。

29. （　　）Cache 的功能全由硬件实现。

30. （　　）引入虚拟存储系统的目的，是为了加快外存的存取速度。

31. （　　）页式管理的虚拟存储器，按地址访问的页表称为快表。

32. （　　）在虚拟存储器中，辅助存储器与主存储器以相同的方式工作，因而，允许程序员用比主存空间大得多的辅存空间编程。

33. （　　）在虚拟存储器中，逻辑地址转换成物理地址是由硬件实现的，仅在页面失效时才由操作系统将被访问页面从辅存调到主存，必要时还要先把被淘汰的页面内容写入辅存。

三、填空题

34. Cache 是一种＿＿＿＿＿＿存储器，是为了解决 CPU 和主存之间＿＿＿＿＿＿的不匹配而采用的一项重要硬件技术。Cache 存储器中保存的字块和＿＿＿＿＿＿中的相应字块保持一致。

35. 常用的地址映射方法有＿＿＿＿＿＿、＿＿＿＿＿＿、组相联映射三种。

36. 三级存储器系统是指＿＿＿＿＿＿、＿＿＿＿＿＿、＿＿＿＿＿＿三级。

37. 在 DRAM、ROM、Cache 几种计算机存储器中，存取速度最快的是＿＿＿＿＿＿。

38. Cache 是指＿＿＿＿＿＿＿＿＿＿。

39. 层次化存储体系涉及主存、辅存、Cache 和寄存器，按存取时间由短至长的顺序是＿＿＿＿＿＿。

40．Cache 的可行性是由＿＿＿＿＿＿＿实现的。

41．在多层次存储系统中，上一层次的存储器比其下一层次存储器＿＿＿＿＿、＿＿＿＿＿，每字节存储容量的成本更高。

42．地址映射是用来确定＿＿＿＿＿地址与＿＿＿＿＿地址之间的逻辑关系。

43．建立高速缓冲存储器的理论依据是＿＿＿＿＿。

44．虚拟存储器是建立在＿＿＿＿＿结构上，用来解决＿＿＿＿＿的问题。

45．将辅助存储器当作主存来使用，从而扩大程序可访问的存储空间，这样的存储结构称为＿＿＿＿＿。

46．虚拟存储器指的是＿＿＿＿＿层次，它给用户提供了一个比＿＿＿＿＿实际空间大得多的＿＿＿＿＿空间。

47．虚拟存储器在运行时，CPU 根据程序指令生成的地址是＿＿＿＿＿，该地址经过转换形成＿＿＿＿＿。

48．页表中的主要内容是＿＿＿＿＿和＿＿＿＿＿。

第6章　总线系统

考 纲 要 求

◇　了解计算机中常见的总线结构。
◇　掌握总线的概念。

历 年 考 点

	选择题	判断题	填空题
2008 年	接口		总线的分类
2009 年	多总线结构		
2010 年	总线的分类		总线的特征
2011 年	总线的功能	总线的特征	
2012 年	总线的功能		总线的特征
2013 年	总线的分类		总线的结构

6.1 总线概念

学习目标

1. 了解总线的概念及总线的分类。
2. 理解系统总线的组成。

内容提要

1. 总线的概念

总线是连接计算机中 CPU、内存、辅存、各种输入/输出设备等部件的一组标准信号传输线及其相关的控制电路，它为计算机各模块之间进行信息传输提供公共通道，提高了系统的可靠性，便于系统的扩充。

分时共享是总线的主要特征。

2. 总线的分类

1）按照数据传送格式分

总线可分为串行总线和并行总线。串行总线是用一根数据线按从低到高的顺序逐位传送，一般外部总线多属此类；并行总线是多根数据线同时传送一个字或一个字节的数据位，计算机的系统总线多以并行方式传送。

2）按照连接部件分

内部总线：是指同一部件内部各器件之间的连接总线。具有结构简单，传输距离很短，传输速率很高的特点。如 CPU 内部各寄存器之间的连线。

系统总线：同一台计算机系统中各部件之间的连接总路线。具有传输距离较短，传输速率较高的特点。如连接 CPU、主存、I/O 接口等部件的总线。一般情况下，总线即系统总线。系统总线包括数据总线、地址总线、控制总线三类。

外部总线：又称为通信总线，主要指多台计算机系统之间的连接总线或计算机与外设之间的连线。具有传输距离较远，传输速率较低的特点。如串行通信的 RS-232-C 总线，用于硬盘接口的 IDE、SCSI 等均属于此类总线。

说明 分清器件、部件、设备三者的关系，就容易理解和记忆内部总线、系统总线和外部总线的关系。

3）按传送方向分

总线分为单向总线和双向总线。单向总线的信息传送方向是单一的，如地址总线、控制总线；双向总线的信息传送方向是两个方向，如数据总线。

4）按时序控制方向分

（1）同步总线：同步总路线设置有统一的时钟信号，进行数据传送时，收发双方严格遵循这个时钟信号。应用于各部件间工作速度差异较小的场合，控制较简单，但时间利用率低。

（2）异步总线：异步总线在传送时，没有统一的时序，采用应答方式工作。适用于工作速度差异较大的场合，时间利用率很高，但控制复杂。

（3）准同步总线：采用同步、异步相结合的方式。既有同步总路线控制简单的优点，又具有异步总路线时间利用率高的优点。

3．系统总线的组成

系统总线由数据总线、地址总线、控制总线组成。

1）数据总线（DB-Date Bus）

数据总线是外部设备和总线主控设备之间进行数据传送的数据通道，数据总线是双向并行传送的。数据总线的重要指标是宽度，表示总线传输数据的能力，即一次访问存储器或外设能传送的数据位数，一般与字长相等。

2）地址总线（AB-Address Bus）

地址总线是外部设备与主控设备之间传送地址信息的通道，地址信息由 CPU 发出，是单向并行传送的。通常用 A0~An 表示，地址总线的宽度，表明了该总线的寻址范围。在计算机中，能够直接寻址的地址单元数 M 与地址总线包含的地址线条数 N 成指数关系，即 $M=2^N$。如某计算机有 16 条地址总线，则该总线构成的计算机系统所具有的寻址空间大小为 $2^{16}=64$ K。有些计算机将 I/O 端口地址与内存地址统一编址，在其中划出一部分作为 I/O 端口地址，这些外设的 I/O 端口地址由地址总线传送。

3）控制总线（CB-Control Bus）

控制总线是专供各种控制信号和状态信息使用的传递通道，总线操作各项功能是由控制总线完成的。它主要用于传送各类控制/状态信号，控制总线信号是总线信号中种类最多、变化最大、功能最强的信号，也是最能体现总线特色的信号。

例题解析

【例 6-1-1】有一台计算机地址线为 20 根，若将 I/O 端口地址与内存地址采用统一编址的方法，则下列说法中正确的是（　　）。

　　A．内存可寻址的空间大小是 1 MB　　　　　B．内存可寻址的空间大于 1 MB
　　C．内存可寻址的空间小于 1 MB　　　　　　D．不影响内存的寻址空间的大小

分析 若将 I/O 端口地址与内存地址采用统一编址的方法，则需要从地址空间中划出一部分作为 I/O 端口地址，因而，其内存的寻址空间大小会比实际的地址空间 1 MB 要小。

答案 C

【例 6-1-2】某一计算机系统的数据总线为 16 位，用 D_{15}~D_0 表示，若在数据总线上传送的数据中，D_5 位上的数为 1，则该位的位权是（　　）。

A．5　　　　　　　　B．1　　　　　　　　C．2　　　　　　　　D．2^5

分析 位权：数码在不同位置上的倍率值。对于多位数，处在某一位上的 "1" 所表示的数值的大小，称为该位的位权。D_0 的位权为 2^0，D_1 的位权为 2^1，D_5 位权为 2^5。

答案 D

【例 6-1-3】（江苏单招考题 2010 年 A）总线分为数据总线、地址总线、控制总线三类，是根据_____来分的。

    A．总线所处的位置   B．总线的传送方式

    C．总线传送的方向   D．总线传送的内容

分析 总线按连接的部件分类可分为内部总线、系统总线、外部总线；按传送方向分类可分为单向总线、双向总线；按数据传送格式分类可分为并行总线、串行总线；按时序控制方式分类可分为同步总线、异步总线、准同步总线。

答案 D

拓展与变换 （江苏单招考题 2008 年）按传送的信息分类，总线可分为（   ）总线、地址总线和数据总线。

【例 6-1-4】（江苏单招考题 2011 年）系统总线中地址总线的功能是（   ）。

    A．选择主存地址   B．选择进行信息传输的设备

    C．选择外存地址   D．选择主存和 I/O 设备接口电路的地址

分析 地址总线用于传送地址信号，以确定所访问的存储单元或某个 I/O 端口，地址总线一般有 16 位、20 位、24 位、32 位等几种宽度标准。地址总线的宽度确定了可访问内存空间的大小。

答案 D

【例 6-1-5】（江苏单招考题 2012 年）系统总线中控制总线的功能是（   ）。

    A．提供数据信号

    B．提供主存、I/O 借口设备的控制信号和响应信号

    C．提供时序信号

    D．提供主存、I/O 借口设备的响应信号

分析 控制总线用于传送各类控制/状态信号。各种不同的总线标准的数据总线和地址总线差别都不大，而它们的控制总线则各具特色、差别最大。

答案 B

【例 6-1-6】（江苏单招考题 2013 年）在系统总线中，传输信息的方向单一的是（   ）。

    A．内部总线   B．地址总线   C．数据总线   D．控制总线

分析 单向总线传输信息的方向是单一的。如地址总线。

答案 B

【例 6-1-7】（   ）（江苏单招考题 2011 年）总线的主要特征是分时共享。

分析 分时共享是总线的主要特征，在计算机系统中，将不同来源和去向的信息在总线上分时传送，不仅可减少传输的数量，简化控制和提高可靠性，而且便于扩充更新新的部件。

答案 对

【例 6-1-8】（江苏单招考题 2012 年）总线是计算机各个模块间传递信息的公共通道，它

的主要特征是_____。

分析 分时共享是总线的主要特征，在计算机系统中，将不同来源和去向的信息在总线上分时传送，不仅可减少传输的数量，简化控制和提高可靠性，而且便于扩充更替新的部件。

答案 分时共享

巩固练习

一、单项选择题

1. 根据传送信息的种类不同，系统总线可分为（　　）。
    A. 地址线和数据线
    B. 地址线、数据线和控制线
    C. 地址线、数据线和电源线
    D. 地址线和控制线

2. 下列关于总线说法正确是（　　）。
    A. 若计算机一次最多能处理 32 位二进制数，则其最大寻址空间为 4 GB
    B. 连接运算器、控制器及主存储器的线称为系统总线
    C. 字长的宽度与数据总线的宽度有关系
    D. 串行总线的正确率比并行总线要高，因而，系统总线属于串行总线

3. 系统总线中的地址线用于（　　）。
    A. 选择主存单元地址
    B. 选择传输信息的设备
    C. 选择外存地址
    D. 指定主存和 I/O 设备接口电路的地址

4. 根据总线传送的信息不同，计算机总线可分为（　　）。
    A. 同步方式、异步方式、准同步方式
    B. 地址总线、数据总线、控制总线
    C. 串行方式、并行方式
    D. 其他分类

5. 在系统总线中有一种总线是双向传递的，它是（　　）。
    A. 地址总线　　　　　　　　　　　B. 数据总线
    C. 控制总线　　　　　　　　　　　D. 电源总线

6. 通常，我们所说的 32 位机是指（　　）。
    A. 地址总线的宽度为 32 位　　　　B. CPU 字长为 32 位
    C. 通用寄存器数目是 32 个　　　　D. 可以处理十进制数为 32 位

7. 以下关于总线的说法中，错误的是（　　）。
    A. 数据总线是双向的
    B. 控制总线用于传送控制信号
    C. 分时共享是总线的主要特征之一
    D. 地址总线的宽度就是 CPU 的字长

8. 同一台计算机系统中各部件之间的连接总线称为（　　）。

A. 局部总线   B. 片外总线

C. 系统总线   D. 通信总线

9. 总线的功能是（   ）。

     A. 分布和共享方式   B. 分时和分布方式

     C. 分时和共享方式   D. 串行和并行方式

10. 按数据传送格式划分，总线可分为（   ）。

     A. 并行总线和串行总线   B. 同步总线和异步总线

     C. 分时总线和同时总线   D. CPU 总线和系统总线

11. 有一台计算机，地址线为 20 根，若将 I/O 端口地址和内存地址采用统一编址的方法，则下列说法中正确的是（   ）。

     A. 内存要寻址的空间大于 1 MB

     B. 内存可寻址的空间等于 1 MB

     C. 内存可寻址的空间小于 1 MB

     D. 不影响内存寻址空间的大小

12. 某一计算机系统的数据总线为 8 位，用 $D_7 \sim D_0$ 表示。若数据总线上传送的数据中，D5 位上的数为 1，则该位的位权是（   ）。

     A. 5   B. 1   C. 2   D. 2^5

13. 在微型计算机中信息是通过（   ）进行传送的。

     A. 寄存器   B. 控制器

     C. 运算器   D. 总线

14. 系统总线中，控制总线的功能是（   ）。

     A. 提供主存、I/O 接口设备的控制信息和响应信号

     B. 提供数据信息

     C. 提供主存 I/O 接口设备的响应信号

     D. 提供时序信号

15. 计算机中各组成部分之间的数据通路和控制信息通路，就是（   ）。

     A. 控制器   B. 数据总线

     C. 系统总线   D. 地址总线

二、判断题

16. （   ）数据总线传输信息是单向的，控制总线是双向的。

17. （   ）系统总线一般是并行总线。

18. （   ）数据总线宽度一般与 CPU 字长一致，并为字节的整数倍。

19. （   ）总线的主要特征是分时共享。

20. （   ）在系统总线中，控制总线的功能是提供数据信息。

21. （   ）按照连接方式的不同，计算机采用的总线结构有单总线结构和多总线结构。

22. （   ）EISA 总线标准支持即插即用功能。

23. （   ）某计算机地址线有 20 根，则其内存可寻址空间可达 1 MB。

24. （   ）系统总线最明显的特征是分时共享。

25. （   ）数据总线越宽，机器的速度也越高。

26.（　　）总线接口具有数据运算的功能。

27.（　　）控制总线信号是总线信号中种类最多、变化最大、功能最强的信号。

28.（　　）片内总线是 ALU、寄存器和控制器等 CPU 内部各部件之间的信息通路。

29.（　　）地址总线采用并行双向传送地址代码，用来对内存和 I/O 端口寻址。

30.（　　）通常所说的 16 位计算机，指的是该计算机的系统总线为 16 位。

31.（　　）CPU 的数据总线宽度反映了 CPU 能直接访问内存容量的大小。

32.（　　）地址总线是双向的，数据总线是单向的。

33.（　　）控制总线是总线信号中种类最多、变化最大、功能最强的信号。

34.（　　）系统总线一般是并行总线。

35.（　　）获得总线控制权的设备称为主设备，被主设备访问的设备称为从设备。

36.（　　）根据总路线所传送的信号的不同将总线分为数据总线和控制总线。

37.（　　）CPU 一次访问存储器与外设能传送的数据位数是指计算机的数据总线的宽度。

三、填空题

38. 连接计算机的各组成部分，为各设备间通信提供线路的物理通道称为_____。

39. 总线的特征是_____共享的。

40. 总线按连接的部件分为_____、_____、_____。

41. 总线按信息传送的方向分为_____、_____。

42. 总线按时序控制方式分为_____、_____、_____。

43. 系统总线按传送信息的不同可分为_____、_____、_____。

44. _____总线宽度决定了可访问内存空间的大小。

45. 奔腾微处理器的地址总线长度为 32 位，可直接访问的内存空间大小为_____。

46. 在系统总线中，用于 CPU 对内存及 I/O 端口寻址功能的总线称为_____。

47. 总线的主要特征是_____。

48. 在系统总线中，_____的宽度决定了可直接访问的内存空间范围。

49. 在系统总线中，用于实现 CPU 对内存及 I/O 端口寻址功能的总线称为_____。

50. 某一计算机系统的数据总线为 16 位，用 D0~D15 表示，若数据总线上传送的数据中 D5 位上的数为 1，则该位的位权是_____。

51. 能够连接计算机的各组成部分为各设备之间通信，提供线路的物理通道称为_____。

52. 总线的典型特征是_____。

53. 按总线连接的部件分为内部总线、_____和外部总线。

54. 总线按数据传送格式可分为_____和并行总线。

55. 总线按时序控制方式可分为同步总线、_____和准同步总线。

56. 系统总线按传递信息的不同可分为数据总线、地址总线和_____。

57. _____决定了该总线的寻址范围。

58. 在计算机各部件中按性质分有两种信息流，它们分别是数据流和_____。

59. 存储容量为 4 GB 的存储器，至少需要_____根地址线。

60. 按数据传送方式可将总线分为_____和_____。

61. 一般情况下数据总线的宽度与_____是相同的。

62. ＿＿＿＿表示总线传输数据的能力，即一次访问存储器或外设能传送的数据位数。

63. 计算机系统中，总线分为＿＿＿＿＿＿、＿＿＿＿＿＿和＿＿＿＿＿＿。

64. 将计算机硬件划分为五大组成部分，提供各部分之间交换信息的通道称为＿＿＿＿＿＿。

65. 总线是一组能为多个部件提供信息共享的传输线路，在其上传输的主要是＿＿＿＿、＿＿＿＿和各种控制信息。

66. 同步总线一般用于总线上各部件的工作速度差异较小的场合，同步总线有统一的＿＿＿＿＿＿信号，收发双方必须严格遵循。

67. 异步总线一般用于总线上各部件的工作速度差异较大的场合，异步总线不设置＿＿＿＿＿信号，而是采用＿＿＿＿＿＿方式工作，其特征为＿＿＿＿＿＿利用率高，控制复杂。

68. 在准同步总线中，其总线周期所包含的时钟周期分数是可变动的，如当某个部件因速度较低，而不能在基本总线周期内完成数据的传送，则含发出一个"等待"信号，此时总线周期则按＿＿＿＿＿＿为单位进行延长，直至"等待"信号撤销，总线周期结束。

69. 衡量总线性能的重要指标是＿＿＿＿＿＿，它定义为总线本身所能达到的最高＿＿＿＿＿＿。

70. 总线按层次可分为CPU内部总线、部件内部总线、＿＿＿＿＿＿和外部总线。

71. 为了尽可能减少总线上的时间延迟，在单总线结构中，要求连接大批总线上的逻辑部件必须＿＿＿＿＿＿运行。

72. 24根地址总线直接访问的内存容量是＿＿＿＿＿＿MB。

73. CPU的数据总线宽度是32位，说明该CPU一次处理的二进制数为＿＿＿＿＿＿字节。

74. 总线按时序控制方式分为＿＿＿＿＿＿、＿＿＿＿＿＿和＿＿＿＿＿＿。

75. ＿＿＿＿＿＿总线是单工的，＿＿＿＿＿＿总线是半双工的。

6.2 总线结构与接口

学习目标

1. 了解总线结构。
2. 了解接口及常见标准接口类型。

内容提要

1．计算机中常见的总线结构

按照连接方式的不同，计算机系统中采用的总线结构有单总线结构、双总线结构和多总线结构。

1）单总线结构

在许多微小型计算机中，用一条系统总线将各个部件连接起来。其结构简单，控制也较简单，系统易于扩展。但由于在同一时刻总线只能传送一个信息，则多个部件之间传输信息必须等待，降低了系统工作效率。

2）双总线结构

在单总线的基础上，在 CPU 和主存之间专门架设了一组高速的存储总线。存储总线加大了 CPU 与主存之间的信息传送的吞吐量，减轻了系统总线的负担；而主存和外设之间通过系统总线传送信息，不必通过 CPU，提高了 CPU 的效率。适用于中、大型计算机系统。

3）多总线结构

在双总线的基础上增加了 DMA 总线。在这种总线中，DMA 总线是主存与高速外设直接传送信息的通路。它减轻了 CPU 对数据的 I/O 控制，使整个系统的效率得到更大的提高。

说明 以上是计算机系统中常见的总线结构，不要与前一节中总线的分类混淆起来。

2．常见的总线标准

在计算机中为了提高系统的整体速率，有些慢速设备如打印机、绘图仪、串行通信设备等采用传统的低性能总线进行数据传输，而把需要支持高速数据传输的高性能总线独立出来进行高速的数据传输，将该部分总线称为局部总线。常用的总线有多种，不同的总线其功能也不同，常见的总线标准有 ISA、EISA、PCI、AGP、PCI Express 总线。具体见表 6-1。

表 6-1　常见总线

种类	总线宽度（bit）	时钟频率（MHz）	带宽(Mbyte/s)	使用
ISA	16	8	16	已淘汰
PCI	32/64	33	133/266	声卡、网卡
AGP 8X	32	533	2133	显卡
PCI Express 16X	64	4000	高速	显卡

说明 需要注意区分总线宽度、带宽的单位。总线宽度的单位是"位"，而带宽的单位是"MB/s"。

3．总线接口

（1）**概念**　接口是指 CPU 和主存、外围设备之间通过总线进行连接的逻辑部件。

（2）**功能**　控制、缓冲、状态、转换、整理和程序中断。

（3）**组成**　地址译码器、数据寄存器、命令状态寄存器、控制电路等。

4．常见标准接口类型

1）IDE/EIDE 接口

IDE/EIDE 接口用于硬盘及光驱等高速设备的连接，采用 40 或 80 芯线连接，连接速度最高可达 133 MB/s，现在的计算机主板上是直接集成。支持 NORMAL、LBA、LARGE 共 3 种工作模式。

2）SCSI 接口

全称小型计算机系统接口，用于与各种采用 SCSI 接口标准的外部设备连接，如硬盘、扫描仪等。速度最高可达 160 MB/s。

3）USB 接口

通用串行总线接口具有连接简单快速的特点，支持热拔插和即插即用，能够连接键盘、鼠标、打印机等多种不同速度的外设。现在得到了广泛的应用，发展到了 USB 2.0 标准，速度提升至 480 Mbps。

4）SATA 接口

串行 ATA 接口具有速度快、串行传输抗干扰能力强的特点，同时也支持热拔插，现在已基本取代 IDE 接口用于与硬盘的连接。速度最高可达到 600 MB/s。

例题解析

【例 6-2-1】计算机系统的输入/输出接口是（　　）之间的交接界面。

    A．CPU 与存储器   B．主机与外围设备

    C．存储器与外围设备   D．CPU 与系统总线

分析 接口是指 CPU 和主存、外围设备之间通过总线进行连接的逻辑部件。接口位于系统总线与外设之间。

答案 B

【例 6-2-2】支持即插即用的设备接口有（　　）接口。

    A．RS-232   B．USB   C．ATA   D．IDE

分析 USB 接口和 IEEE1394 接口均支持即插即用和热插拔。RS-232 是并行接口，可连接打印机。ATA 和 IDE 均为硬盘接口。

答案 B

【例 6-2-3】（江苏单招考题 2008 年）支持即插即用的设备接口有_____接口。

    A．RS-232C   B．USB   C．ATA   D．IDE

分析 USB 的主要特征主要有即插即用和热插拔功能、多用途、降低设备成本。

答案 B

【例 6-2-4】（江苏单招考题 2009 年）在系统总线中，Cache 总线存在于_____。

    A．带存储总线的双总线结构中

    B．带 DMA 的三总线结构中

    C．带 IOP 的双总线结构中

    D．带高速总线的多总线结构中

分析 在多总线结构中，由于各总线连接对象不同，分别为系统总线、存储总线、I/O 总线、DMA 总线、扩展总线、高速总线，它们均属于系统总线。为了解决主存工作速度相对于 CPU 太慢的问题，在主存与 CPU 之间增加高速缓存 Cache，并在 Cache 与 CPU 之间增设一组高速局部总线 Cache 总线，支持 CPU 与 Cache 之间的高速数据交换。

答案 B

【例 6-2-5】（江苏单招考题 2012 年）在计算机中，CPU、主存储器及所有 I/O 设备均通过一组总线连接，称为_____总线结构。

分析 单总线结构：在许多微小型计算机中，CPU、主存及所有 I/O 设备均通过一组总线连接，其结构简单，总线控制也较简单，系统易于扩展。

答案 单

【例6-2-6】（ ）不是局部总线。

    A．VESA   B．SCSI   C．PCI   D．ISA

分析 VESA、PCI总线是32位的局部总线，ISA是16位的局部总线，SCSI是一个通用接口，也是一种通信总线标准，它可以连接多种外设如，磁带机、软/硬盘、CD-ROM、可重写光盘等。

答案 B

巩固练习

一、单项选择题

1．下列哪一个不是常见的总线标准（ ）。

    A．PCI   B．AGP   C．EISA   D．VGA

2．I/O接口位于（ ）之间。

    A．内存与I/O设备   B．CPU与I/O设备

    C．总线与I/O设备   D．高速缓存与I/O设备

3．下列接口中支持热插拔功能的是（ ）。

    A．串行口   B．并行口   C．USB口   D．LPT口

4．下列哪一个不是计算机中的常见接口（ ）。

    A．IDE   B．EIDE   C．SCSI   D．AGP

5．下列不是32位局部总线的是（ ）。

    A．VESA   B．ISA   C．PCI   D．EISA

6．外围设备互连局部总线是指（ ）。

    A．ISA   B．EISA   C．PCI   D．RS-232

7．计算机控制总线不具有的功能是（ ）。

    A．提供主存、I/O接口设备的控制信号

    B．提供数据信息

    C．提供时序信号

    D．提供主存、I/O接口设备的响应信号

8．下列计算机常用总线中，工作频率最高的是（ ）。

    A．ISA   B．PCI   C．EISA   D．RS-232

9．数据总线宽度为16位的总线标准是（ ）。

    A．VESA   B．PCI   C．ISA   D．EISA

10．某台计算机有32条数据线，意味着CPU与存储器、I/O端口每次可以传输的数据字节数是（ ）。

    A．32字节   B．16字节   C．4字节   D．1字节

11．总线接口的功能不包括（ ）。

    A．数据缓存   B．数据转换   C．状态设置   D．数据运算

12．下列常见的接口中哪一个不是计算机中常用的接口（ ）。

    A．EIDE   B．AGP   C．USB   D．LPT

13．有一台计算机地址线有 20 根，若将 I/O 端口地址与内存地址采用独立编址的方法，则下列说法中正确的是（　　　）。

    A．内在可寻址的空间大小是 1 MB

    B．内存可寻址空间大于 1 MB

    C．内存可寻址的空间小于 1 MB

    D．不能影响内存的寻址空间的大小

14．在计算机系统中，外围设备通过（　　　）与主板的系统总线相连接。

    A．适配器   B．存储器

    C．寄存器   D．CPU

15．（　　　）不是计算机中常用的局部总线。

    A．PCI   B．ISA

    C．AGP   D．SCOKET

16．IDE 是一种（　　　）接口标准。

    A．光盘   B．硬盘

    C．软盘   D．网卡

17．一台有 24 位地址线的计算机，其寻址空间大小为（　　　）。

    A．16 MB   B．1 MB   C．640 K   D．1 GB

18．下列关于接口的功能描述中，不正确的是（　　　）。

    A．数据转换   B．数据缓冲

    C．程序中断   D．数值计算

19．下面选项中不适用于鼠标接口的是（　　　）。

    A．COM   B．PS/2   C．USB   D．SATA

20．为每个外围设备 I/O 接口中的有关寄存器分配 I/O 端口地址，使用专用 I/O 指令，此种方式称为（　　　）。

    A．端口编址   B．外设与内存统一编址

    C．外设独立编址   D．内存寻址

21．串行总线主要用于（　　　）。

    A．连接主机与外围设备   B．连接主存与 CPU

    C．连接运算器与控制器   D．连接 CPU 内部各部件

22．一台计算机的内存容量为 2 MB，其最大地址为 7FFFFFH，则其低地址为（　　　）。

    A．600000H   B．000000H

    C．300000   D．5FFFFFH

23．一台采用字节编址的计算机其地址范围为 0000H~FFFFH，则其存储容量为（　　　）。

    A．1 MB   B．2 MB   C．64 KB   D．512 KB

24．一台采用字节编址的计算机其主存的地址范围为 300000H~7FFFFFH，则其存储容量为（　　　）。

    A．4 MB   B．2 MB   C．5 MB   D．512 KB

25．一个适配器有两个接口：一是和系统总线的接口，CPU 和适配器的数据交换是（　　　）方式；二是和外设的接口，适配器和外设的数据交换是并行或串行方式。

A．并行　　　　　　　　　　　　　　　B．串行

C．并行或串行　　　　　　　　　　　　D．分时传送

26．在微型计算机系统中，不应用于系统总线标准的是（　　　）。

    A．ISA 总线　　　　　　　　　　　　B．EISA 总线

    C．STD 总线　　　　　　　　　　　　D．PCI 总线

27．IDE 是一种（　　　）接口标准。

    A．光盘　　　　　　B．硬盘　　　　　　C．软盘　　　　　　D．网卡

28．下列总线标准中，具有即插即用功能的是（　　　），它属于一种局部总线标准。

    A．PCI　　　　　　　　　　　　　　　B．EISA

    C．VESA　　　　　　　　　　　　　　D．ISA

29．在（　　　）的计算机系统中，外设可以和主存储器单元统一编址，因而，可以不使用 I/O 指令。

    A．单总线　　　　　　　　　　　　　　B．双总线

    C．三总线　　　　　　　　　　　　　　D．多种总线

30．在描述 PCI 总线基本概念中，正确的句子是（　　　）。

    A．PCI 总线是一个与处理器无关的高速外围总线

    B．PCI 设备一定是主设备

    C．PCI 总线的基本传输机制是单字节传送

    D．系统中允许只有一条 PCI 总线

31．总线结构的选用将对计算机系统的性能产生很大的影响，但不会影响（　　　）。

    A．最大存储容量　　　　　　　　　　　B．指令系统

    C．吞吐量　　　　　　　　　　　　　　D．CPU 主频

32．下列说法不正确的是（　　　）。

    A．在现代计算机系统中，各大部件均以系统总线为基础进行互联

    B．单总线结构简单，控制较复杂，但易于系统扩展

    C．单总线结构适用于信息传送量相对较小的计算机系统

    D．连接 CPU 与其他外设接口的总线称为 I/O 总线

33．多总线的结构多种多样，但不包括（　　　）。

    A．在 CPU 与主存间的存储总线

    B．在主存与辅存之间增设的一组总线，如 DMA 总线

    C．在高速缓存与 CPU 之间增设一组高速局部总线——Cache 总线

    D．在 CPU 内部运算器与控制器之间的总线

34．下列功能中，（　　　）不属于接口的基本功能。

    A．寻址　　　　　　　　　　　　　　　B．数据缓冲

    C．实时处理　　　　　　　　　　　　　D．预处理

35．以下对微型计算机中的 I/O 接口卡的描述，正确的是（　　　）。

    A．位于 CPU 与外设之间

    B．位于主存与外存之间

    C．位于总线与外设之间

    D．位于输入设备与输出设备之间

36. 在 I/O 系统中不设置输入/输出指令就可实现对外围设备的数据传送操作，是因为其采用了（   ）。

    A. 隐式编址方式

    B. 单独编址方式

    C. 与内存统一编址方式

    D. 与通用寄存器一起编址方式

37. PCI 总线是（   ）位的。

    A. 8   B. 16   C. 24   D. 32

38. 下列不是 32 位总线的是（   ）。

    A. EISA   B. ISA   C. PCI   D. VESA

39. 在下列总线中，具有即插即用功能的是（   ）。

    A. ISA   B. PCI   C. VESA   D. EISA

40. 一台有 24 根地址线的计算机其寻址空间为（   ）。

    A. 4 MB   B. 16 MB   C. 24 MB   D. 1G

二、判断题

41. （   ）多总线结构是在单总线结构基础上增加了一些局部总线。

42. （   ）目前，计算机使用的总线结构方式只有单总线结构和双总线结构。

43. （   ）在微型机中，采用总线复用技术是为了减少引线的数量。

44. （   ）PCI 是一种常见的局部总线。

45. （   ）AGP 总线插槽可以连接多种设备。

46. （   ）多总线结构就是在单总线结构基础上增加了一些局部总路线。

47. （   ）目前，计算机使用的总线结构方式只有单总线结构和多总线结构。

48. （   ）目前，微型计算机主板上有多个 AGP 总线插槽。

49. （   ）采用单总线结构的计算机其 CPU 的运算速度较双总线慢。

50. （   ）PCI 是微型计算机的一种不依赖于某个具体处理器的局部总线标准。

51. （   ）SCSI 是一种常用的通信总线。

52. （   ）双总线结构中一条总线为内存总线，另一条为 I/O 总线。

53. （   ）多总线结构是在单总线结构基础上增加了一些局部总线。

54. （   ）计算机系统的吞吐量主要取决于主存的存取周期。

55. （   ）多总线结构的形式多种多样，如主存与辅存间的总线。

56. （   ）AGP 总线的应用必须得到硬件的支持，如主板芯片组。

57. （   ）AGP 总线允许直接利用系统内存储器作为显示存储器。

58. （   ）并行传输时一次只能传输一位信息，而串行传输时一次可传输多位信息。

59. （   ）长距离传输时，一般采用串行传输。

三、填空题

60. 计算机系统中采用的总线结构有_____和多总线结构。

61. 主存与高速硬盘间数据交换采用的是_____方式。

62. 计算机系统流入、处理、流出系统的信息的速率称为_____，它主要取决于主存的_____。

63．常见的总线标准有_____、_____、_____、_____等。

64．PCI 插槽是_____色的，AGP 插槽是_____色的。

65．I/O 接口常见的功能有控制、_____、状态、_____、整理、_____。

66．主板上的 IDE 接口有_____根线。

67．SCSI 的中文含义为_____。

68．USB 的中文含义为_____。

69．USB 接口的传输方式为_____、_____、_____、_____。

70．_____是确定本条指令的数据地址或下一条要执行的指令地址的方法。

71．I/O 总线上有三类信号：数据信号、控制信号、_____信号。

72．从指令的功能看，输入/输出类指令用于实现 CPU 中的寄存器与_____之间的数据传递。

73．存储容量为 4 GB 的存储器，至少有_____根地址线。

74．在计算机中，_____是用于实现系统总线与外围设备之间信息传送的电路。

75．通常，计算机内部采用并行传输而外部采用串行传输，这种串并转换是由_____完成。

76．计算机系统中采用的总线结构有单总线结构和_____。

77．总线结构对计算机性能有三个方面的影响，分别是最大存储容量、指令系统和_____。

78．常用的总线标准有 ISA/EISA、PCI、_____和 Mult1Bus 总线等。

79．目前，奔腾计算机常用的总线标准为_____，它是由 Intel 公司推出的一种总线，且具有即插即用功能。

80．目前广泛用于数码相机、移动存储器和摄像头等外设的通用串行总线接口的英文缩写为_____。

81．硬盘的接口主要有_____、_____和_____，后者是小型计算机系统接口。

82．目前，主板上的扩展槽普遍使用_____局部总线。

83．通信总线是系统与其他设备之间或系统之间的总路线，它可以以_____方式进行，但数据传输率会低一些，也可以采用_____方式进行数据传输。

84．_____总线标准是为解决 3D 图形处理能力差而提出的。

85．按总线所传递的信息类型可将总线分为_____、_____和_____。

86．总线结构对计算机系统的性能有很大的影响，如在单总线结构中，访问主存和 I/O 传送使用的指令_____，地址_____；而在双总线结构中，访问内存和访问 I/O 设备所使用的指令是不相同的。

87．被称为总线工业标准的总线类型是_____，只支持 16 位计算机。而其在此基础上扩展产品 PCI 总线，支持_____位的计算机，目前属于较为流行的总线标准。

88．为了适合计算机对图形的处理，先后出现了_____、_____两类总线，其中，前者是指在 CPU 与原有系统之间的局部总线，而后者是主存储器与显示接口卡之间的局部总线，一般在计算机主板上只有一个，且只能用来插显示接口卡。

89．计算机普遍采用总线结构，总线即指一组能为多个部件_____的信息传输线。

90．目前，微型计算机的 AGP 总线的实质为一种接口，其中文含义为_____。

91．计算机系统中采用的总线结构有_____和多总线结构。

92．计算机系统流入、处理、流出系统的信息的速率称为_____，它主要取决于_____。

93．PCI 是 32 位总线，工作频率是 33 MHz，所以传输速率为_____，而 AGP 的工作频率与 CPU 外频同步，达到了 66 MHz，所以，AGP 的 1*模式的传输速率为_____。

94．AGP 总线将显示卡与主板芯片组直接相连进行_____传输。

95．按数据传输宽度来分，I/O 接口类型可以分成_____和_____两种。

96．微型计算机一般采用_____总线结构。

第7章 输入/输出系统

考纲要求

◇ 了解 DMA 方式。
◇ 理解 I/O 设备的信息交换方式。
◇ 掌握中断的概念及中断响应过程。

历年考点

	选择题	判断题	填空题
2008 年		中断优先级	
2009 年	程序查询方式	中断优先级	中断处理过程
2010 年	中断请求	中断的基本概念	中断响应过程 DMA 方式
2011 年	DMA 方式		中断处理过程
2012 年	中断请求 DMA 方式	DMA 方式	
2013 年	中断保护	DMA 方式	程序查询方式

7.1 I/O 设备的信息交换方式

学习目标

1. 了解 CPU 与 I/O 之间的接口信号。
2. 了解常见数据传送方式。

内容提要

1. CPU 与 I/O 之间的接口信号

一个外设与 CPU 之间进行输入/输出操作时，除了传递数据外，还要传递状态信息和控制信息。

2. 数据传送方式

根据 I/O 设备的工作速度及工作方式的不同，目前大致分为程序查询方式、中断方式、DMA 方式、通道方式和 I/O 处理机方式。

1）程序查询方式

程序查询方式又称为程序控制方式，它可分为以下两种情况：

（1）无条件传送方式：用 I/O 指令来传送数据，CPU 可以不必先去查询外设的状态，就可直接执行 I/O 指令，进行数据传送。

特点：传送方式简单，可靠性低。

（2）条件传送方式，又称为查询式传送。

CPU 通过执行查询程序不断地查询外设的端口状态，只有得知外设已准备就绪后才执行输入或输出。

特点：可靠性高，但 CPU 在查询时一直处于等待状态。

2）中断方式

中断控制方式是一种最常采用的 I/O 方式。在这种方式中，CPU 不必查询外设状态，而是当外设准备好时，外设通过 I/O 接口的中断请求线向 CPU 发出中断申请，CPU 暂停原执行的程序而转向为该外设服务子程序，待处理完后又返回，继续执行原来的程序。这样就可以大大提高 CPU 的效率，允许 CPU 与外设（甚至多个外设）同时并行工作，并能适应随机发生的情况。

特点：极大地提高了 CPU 的利用率，但 CPU 需要介入。

3）直接存储器存取（DMA）方式

DMA 是 Direct Memory Access 的缩写。DMA 方式的基本原理是用硬件完成中断服务程序的全部功能，在 DMA 传送时，CPU 让出总线控制权，DMA 从 CPU 完全接管对总线的控制，数据交换不经过 CPU，而直接在内存和外设之间进行，以高速传送数据。

特点：适用于高速、成组传送的场合，解决了慢速的外设与快速 CPU 之间的矛盾。

4）通道方式

利用通道方式可以使 CPU 与 I/O 设备完全并行地工作。输入/输出的数据传送过程完全可由通道控制器完成，CPU 在开始与结束时进行启动与管理。通道控制器是一个专用的处理器，可利用它对外设进行控制和管理。

5）处围处理机方式

处围处理机（PPU）方式是通道方式的进一步发展，由于 PPU 方式基本独立于主机工作，它的结构更接近一般处理机，甚至就是微小型计算机。

说明 在以上数据传送的 5 种方式中，需要注意以下两点：一是哪些方式由软件完成、哪些由硬件完成；二是能实现 CPU 与总线并行工作的是哪些、不能实现的是哪些。

例题解析

【例 7-1-1】 在三种数据传送方式中，下列描述中，（　　）是错误的。

　　A．DMA 是由硬件执行的 I/O 传送

　　B．中断传送方式中 CPU 不用干预数据的传送过程

　　C．无条件传送方式不可靠，但传送方式简单

　　D．条件传送方式中 CPU 的利用率不高，CPU 一直处于对外设的查询等待中

分析 在三种数据传送方式中，因为 DMA 不需要 CPU 的干预而直接由硬件完成，因而其效率最高，在无条件传送方式中，CPU 在传送数据时并不知外设是否已准备就绪，因而，数据可能会丢失造成数据传送不可靠，但在条件传送方式中，由于 CPU 只有在得知外设已准备就绪后才执行数据传送，因而，其效率很低，但传送方式可靠。

答案 B

【例 7-1-2】 下列四种数据传送方式中，CPU 利用率最高的是（　　）。

　　A．条件查询　　　　B．无条件查询　　　　C．中断方式　　　　D．DMA 方式

分析 在无条件查询方式中，CPU 一直在执行 I/O 指令，进行数据传送。在条件查询方式中，CPU 在查询中一直处于等待状态。中断方式是有外设请求，CPU 才去执行数据传送，没有请求做自己的事情。DMA 方式是外设传送数据时 CPU 不干涉。

答案 D

巩固练习

一、单项选择题

1．下列数据传送方式中，效率最高的是（　　）。

　　A．程序查询方式　　　　　　　　　　　B．程序中断方式

　　C．直接内存访问方式　　　　　　　　　D．通道方式

2．下列数据传送方式，不能实现 CPU 与总线并行工作的是（　　）。

　　A．中断方式　　　　　　　　　　　　　B．DMA 方式

　　C．外围处理机方式　　　　　　　　　　D．程序查询方式

3．直接内存访问方式简称为（　　）。

    A．DMA   B．PPU   C．CAI   D．CPU

4．通道是一个具有特殊功能的处理器，在某些应用中称为输入/输出处理器，简称为（   ）。

    A．DMA   B．PPU   C．IOP   D．MPU

5．外围处理机方式是通道方式进一步发展，外围处理机简称为（   ）。

    A．IOP   B．PPU   C．DMA   D．CPU

6．下列几种 I/O 交换方式中，主要由程序实现的是（   ）。

    A．直接内存访问方式   B．通道方式

    C．中断方式   D．外围处理机方式

7．下列 I/O 设备信息交换方式中，I/O 设备与 CPU 不能并行工作的是（   ）。

    A．通道方式   B．程序查询方式   C．DMA 方式   D．中断方式

8．下列 CPU 管理外设的方式中，CPU 工作效率最低的是（   ）方式。

    A．外围处理机   B．中断   C．DMA   D．通道

9．下列哪一项不是 CPU 与外设数据传送方式的是（   ）。

    A．程序的查询方式   B．中断方式   C．Cache   D．DMA 方式

10．在下列数据传送方式中，主机与外设采用串行工作方式的是（   ）。

    A．直接程序控制方式   B．程序中断方式

    C．直接存储器访问方式   D．其他方式

11．下列关于数据传送方式说法错误的是（   ）。

    A．无条件传送方式不可靠，但传送方式简单

    B．在程序查询方式中，CPU 的利用率较低，CPU 查询外设的开销较大

    C．在中断方式中，CPU 不用干预数据的传送过程

    D．DMA 方式是由硬件执行的 I/O 传送

12．下列不是 CPU 对外设的数据传送的方式为（   ）。

    A．中断   B．DMA   C．通道   D．虚拟设备

二、判断题

13．（   ）在程序查询方式中，CPU 与 I/O 设备并行工作，在中断方式中，CPU 与 I/O 设备串行工作。

14．（   ）程序查询方式又分为无条件传送和条件传送。

15．（   ）在现代计算机系统中，CPU 与外设交换数据不用低效率的方式，只用高效率的外围处理机方式。

16．（   ）内存与高速硬盘间数据传送一般采用 DMA 方式。

17．（   ）中断是指 CPU 通知外设有数据发送，要求外设中止现行操作，响应 CPU 工作。

18．（   ）程序查询方式和中断方式主要由软件实现。

19．（   ）所有的数据传送方式都必须由 CPU 控制实现。

三、填空题

20．CPU 管理外设的方式主要有程序查询方式、程序中断方式、_____、_____、外围处理机方式。其中，主要由硬件实现的有_____、_____和外围处理机方式。

21．在 CPU 管理外设的方式中，硬件结构比较简单、速度较慢、效率较低的是_____

方式。

22．主机与外部设备之间的五种数据传送方式有_____、_____、_____、_____和 I/O 处理机方式。

23．CPU 与 I/O 设备传送的信息包括_____、_____和状态信息。

24．I/O 接口按数据传送格式可分为_____、_____两类。

25．CPU 与 I/O 设备之间的数据传送方式有一般程控方式、_____和_____，其中，一般程控方式又可分为_____和_____两种方式。

26．在计算机中，CPU 与 I/O 设备之间传送的信息可分为地址信息、_____和_____。

27．计算机硬件系统中除了 CPU 和内存储器以外的其他部件称为_____。

7.2　程序查询方式

学习目标

1．了解程序查询方式的基本概念。
2．理解程序查询方式的优缺点。

内容提要

7.2.1　程序查询方式的定义

在这种方式中，CPU 需要根据外设的工作状态来决定何时进行数据传送，它要求 CPU 随时对接口状态进行查询，如果接口尚未准备好，CPU 必须等待，并进行查询。如果已准备好，CPU 才能进行数据的输入/输出，称为程序查询方式。

7.2.2　程序查询方式的优缺点

优点：简单、经济、只需少量的硬件，主要以编制程序为主，较容易实现。

缺点：效率低、速度慢、不管是执行子程序，还是查询外设是否准备好，都要占用 CPU 的时间。因而，程序查询方式主要适用于 I/O 设备少，数据传送率要求不高的系统。

例题解析

【例 7-2-1】（江苏单招考题 2009 年）高速传送的 I/O 设备，如硬盘、光盘等均采用_____方式进行数据传送。

　　A．程序查询　　　　B．中断　　　　　C．DMA　　　　　D．通道

分析 程序查询方式：数据在 CPU 和外围设备之间的传送完全靠计算机程序控制。要求 CPU 随时对接口状态进行查询，如果接口尚未准备好，CPU 必须等待，并继续进行查询。

答案 A

【例 7-2-2】（江苏单招考题 2012 年）数据在 CPU 和外设之间的传送完全靠计算机程序控制，这种信息交换方式称为_____方式。

分析 程序查询方式：数据在 CPU 和外围设备之间的传送完全靠计算机程序控制。要求 CPU 随时对接口状态进行查询，如果接口尚未准备好，CPU 必须等待，并进行查询。

答案 程序查询

巩固练习

一、单项选择题

1. 下列四种描述中，哪一种是程序查询方式（　　　）。
   - A．CPU 随时对接口状态进行查询，未准备好，等待。已准备好，进行输入/输出
   - B．CPU 执行程序过程中，出现突发事件，暂停现行程序执行，转去处理突发事件，处理完成后，返回原程序继续执行
   - C．在内存和设备之间开辟一条直接数据传送通路，传送过程交由 DMA 控制器管理，形成以存储器为中心的体系结构
   - D．通过执行通道程序管理 I/O 操作，使主机和 I/O 操作间达到更高的并行程度

2. 在程序查询方式中进行数据传送，由（　　　）发出数据传送请求。
   - A．CPU
   - B．I/O 设备
   - C．内存
   - D．I/O 接口

3. 在程序查询方式中，若外设未准备好，则（　　　）。
   - A．CPU 等待，并继续查询
   - B．CPU 继续执行查询前程序
   - C．CPU 将控制权转给外设，当外设准备好后，通知 CPU 进行数据传送
   - D．CPU 结束数据传送工作

4. 下列关于程序查询方式中，说法正确的是（　　　）
   - A．简单，经济但难实现
   - B．简单，经济且易实现
   - C．简单，经济且数据传输率高
   - D．复杂，需大量硬件，数据传输率高

5. 下列哪一个不是程序查询方式接口电路组成部分（　　　）。
   - A．设备选择电路
   - B．数据缓冲寄存器
   - C．高速缓冲寄存器
   - D．设备状态位

6. 下列四种描述中，哪一种是程序查询方式（　　　）。
   - A．通过 CPU 对接口的读取，随时了解外设的状态；未就绪，继续了解，等待；已就绪，完成数据传送
   - B．在 CPU 执行程序过程中，出现突发事件，暂停现行程序执行，转去处理突发事件，处理完成后，返回原程序继续执行
   - C．在内存和外设之间开辟一条直接数据传送通路，传送过程交 DMA 控制器管理，形成以存储器为中心的体系结构
   - D．通过执行通道程序管理 I/O 操作，使主机和 I/O 操作间达到更高的并行程序

7. CPU 与外设之间进行数据交换的控制方式中，对硬件依赖程度最低的是（　　）。

　　A. 查询方式　　　　　　　　　　　　　　　B. 中断方式

　　C. DMA 方式　　　　　　　　　　　　　　　D. 通道方式

8. 在程序查询中，要求 CPU 随时对接口状态进行查询，如果接口尚未准备好，则（　　）

　　A. CPU 进行数据的输入/输出　　　　　　　B. CPU 必须等待，并进行查询

　　C. 向外设发出命令字，请求数据传送　　　　D. CPU 结束数据传送工作

9. 下列关于程序查询方式的优点，除简单、经济外，说法正确的是（　　）。

　　A. 以编制程序为主，较容易实现　　　　　　B. 较难实现

　　C. 数据传输率高　　　　　　　　　　　　　D. 需大量硬件，较难实现

10. 下列 I/O 信息交换方式中，CPU 工作效率最低的是（　　）。

　　A. 中断　　　　　　　B. DMA　　　　　　　C. 查询　　　　　　　D. I/O 处理机

11. 下列不能实现 CPU 与外设并行工作的传送方式是（　　）。

　　A. 程序查询方式　　　B. I/O 处理机方式　　C. DMA 方式　　　　　D. 通道方式

12. 在程序查询方式中，若外设没有准备好，则（　　）。

　　A. CPU 等待，并继续查询

　　B. CPU 继续执行查询前程序

　　C. CPU 将控制权转给外设，当外设准备好后，通知 CPU 进行数据传送

　　D. CPU 结束数据传送工作

13. 下列数据传送方式中，CPU 与外设串行工作的是（　　）。

　　A. 中断方式　　　　　　　　　　　　　　　B. 直接存储器存取方式

　　C. PPU 方式　　　　　　　　　　　　　　　D. 程序查询方式

14. 在程序查询方式中进行数据传送，由（　　）发出数据传送请求。

　　A. CPU　　　　　　　B. I/O 设备　　　　　C. 内存　　　　　　　D. I/O 接口

二、判断题

15. （　　）在程序查询方式中，当外设未准备好时，CPU 一直处于等待查询状态。

16. （　　）程序查询方式主要靠软件实现，简单经济易实现但效率较低。

17. （　　）程序查询方式的接口是一段程序。

18. （　　）多台外设进行程序查询方式，CPU 对其随机进行查询。

19. （　　）在程序查询方式中，无论外设是否准备好，CPU 均处于等待查询状态。

20. （　　）在程序查询方式中，主要以编制程序为主，较容易实现。

21. （　　）在程序查询方式中，所有传送的数据必须排队，按顺序执行所以执行效率并不高。

22. （　　）在程序查询方式中，又可分为无条件传送和条件传送方式。

23. （　　）在数据传送方式中，主要由程序实现的有查询方式和中断方式。

24. （　　）程序查询方式效率比较低，故计算机系统中不使用这种方式。

25. （　　）在计算机中同时出现多个中断请求时，CPU 按先来后到的顺序予以响应并处理。

26. （　　）在程序查询方式中，CPU 与 I/O 设备并行工作，在中断方式中，CPU 与 I/O 设备串行工作。

27.（　　）程序查询方式和中断方式主要由软件实现。

三、填空题

28．在 CPU 管理外设的方式中，硬件结构比较简单，速度较慢，效率较低的是_____方式。

29．CPU 随时对接口状态进行查询，如果接口尚未准备好，CPU 必须等待，并进行查询，如果已准备好 CPU 才能进行数据输入/输出，这是_____方式。

30．在程序查询方式中进行数据传送时，由_____发出数据传送请求。

31．在程序查询方式中，数据在 CPU 与外设间的传送完全靠_____控制。

7.3 程序中断方式

学习目标

1．掌握中断的基本概念。
2．掌握中断的处理过程。
3．了解多重中断的优先级。

内容提要

1．中断的基本概念

1）定义

中断方式是指 CPU 在执行现行程序的过程中，发生随机事件和特殊请求时，CPU 中止现行程序转去执行对随机事件或特殊请求的处理程序，待处理完毕后，CPU 再返回被中止的程序继续执行。

2）特点

由中断的定义可知，它有两个主要特点：程序切换（控制权的转移）和随机性。

程序切换　程序切换是指由当前正在执行的程序转移到随机事件的处理程序，处理完毕后再返回继续执行被中止的原程序。

随机性　随机性指中断是随机发生的，无法预先安排。

3）中断的主要作用

（1）提高 CPU 与 I/O 设备工作并行性

在没有引入中断之前，计算机系统是在程序控制下完成 I/O 操作的，即在 CPU 控制之下实现 I/O 操作。CPU 与外设串行工作，浪费了 CPU 的时间。

（2）提高机器的可靠性

当计算机工作时，如果运行的程序出错或者硬件出现故障，如运算溢出、电源掉电等，则可利用中断功能进行自动处理，进而提高了机器的可靠性。

（3）实现实时处理

计算机在现场测试和控制、网络通信、人机对话都具有强烈的实时性。中断技术能确保外部设备的实时信号处理。利用查询方式，很难做到及时处理的。

4）中断的分类

中断分为硬中断和软中断两类。

（1）硬中断

硬中断是由来自 CPU 外部的中断请求而引起的中断，硬中断又称为外中断。

根据外部中断请求线发出中断请求可分为可屏蔽中断、非屏蔽中断。

① **可屏蔽中断**　可屏蔽中断（INTR）：一般有键盘、串行通信口、硬盘和打印机等向 CPU 发出已经做好接收或发送准备的信息。

② **非屏蔽中断**　非屏蔽中断（NMI）：电源故障、内存或 I/O 总线的奇偶校验错等事件的中断。

（2）软中断

软中断是由执行指令而引起的中断，又称为内部中断，软中断都是非屏蔽性的，通常有三种情况引起中断。具体如下：

① 中断指令引起的中断：如 CPU 执行 INT n 指令后。

② 处理程序性错误的中断：如 CPU 在执行程序时，若发现一些运算的错误。

③ 为调试程序设置的中断：如标志寄存器单步标志位 T=1。

说明　有关中断分类问题，需要理解和记忆硬中断、软中断；外中断、内中断；可屏蔽中断、非屏蔽中断。相互关系有成对关系、对等关系、交叉关系。

2．中断的处理过程

中断的发生具有随机性，但中断的响应过程大体相同，可简单归纳为中断请求、中断判优、中断响应、中断处理和中断返回五个阶段。

1）中断请求

中断请求是由中断源向 CPU 发出的申请中断的要求。中断源向 CPU 发出中断请求的条件：一是外设本身的工作已经结束；二是系统允许该外设发出中断请求。

2）中断判优

计算机系统中在同一时刻有多个中断源提出中断请求。但是在某个时刻只能处理一个中断，因而，需要把中断源按紧迫的程度不同进行排队，使之得到响应与处理。

各个中断请求的优先顺序一般按以下原则安排：非屏蔽中断优先于可屏蔽中断，较高速的中断优先于较低速的中断，输入中断优先于输出中断。在实际应用中，可以根据具体需要动态调整优先顺序。

判优的方法可分为硬件判优和软件判优两大类。

3）中断响应

当 CPU 完成上述操作后，CPU 响应中断，中止现行程序，转入中断服务程序这一过程称为中断响应。

（1）中断响应条件

① 中断源有中断请求。

② CPU 处于开中断状态，而且没有更高级的中断请求存在。

③ 一条指令执行完毕。

（2）不同的机器，中断响应实现是不同的，但通常进行以下几项操作：

① 关中断。在现行程序的一条指令执行完毕后，立即中止现行程序，将允许中断标志置 0，以保证在中断周期中，不受外部干扰。此操作可由硬件或软件实现。

② 保留断点。CPU 响应中断，PC 停止加 1，且把 PC 推入堆栈保留，以便中断处理完毕后，能返回现行程序。

③ 保护现场。为了使中断处理程序不影响现行程序的运行，故要把断点处有关的各个寄存器的内容和标志位状态，推入堆栈保护起来。

④ 给出中断入口地址，转入相应的中断服务程序。CPU 接收中断控制器送来的中断类型号，将它转换为对应的中断入口地址送入程序计数器 PC，转入中断服务程序。

4）中断处理

中断处理是指 CPU 执行中断服务程序。中断服务程序的处理功能由中断处理的任务来决定。其中包含以下步骤：

（1）送新屏蔽字并开中断。为了实现多重中断（将在后续内容中介绍），需要送新的屏蔽字以便禁止同级或更低级别的中断请求，开放更高级别的请求；另外，要执行开中断指令，将允许中断标志重新置 1，以便 CPU 能够响应新的请求。单重中断则不需要这两个操作。

（2）进行具体中断

根据中断源的要求进行具体的服务操作。对于外部中断请求，主要是在 I/O 接口之间传送数据。中断服务期间，在多重中断方式下 CPU 已开中断，可以响应新的请求；在单重中断方式下 CPU 仍然关中断，不能响应新的请求。

（3）关中断并恢复现场

恢复现场与保护现场一样，不应受到干扰。因而，对于多重中断，应先关中断，再从堆栈中弹出所有现场信息。关于单重中断，因为进入服务程序后一直未开中断，故此处不执行关中断指令。

5）中断返回

在中断服务程序的最后，要开中断（以便 CPU 能响应新的中断请求）和安排一条返回指令，将堆栈内保存的 PC 值弹出，送回至 PC，CPU 回到原来程序的断点处继续执行，并可以随时响应新的中断请求。

说明 中断的处理过程一般划分为以上 5 个阶段，容易混淆的中断处理又分为 4 个步骤。

3．多重中断

多重中断是指在处理某一中断过程中又有中断优先级别更高的中断请求，于是中断源中断服务程序的执行，而又去执行新的中断处理。这种多重中断又称为中断嵌套。特点如下所示：

（1）有相当数量的中断源。

（2）每个中断被分配给一个优先级别。

（3）优先级别高者可打断优先级别低的中断服务程序。

例题解析

【例 7-3-1】在中断传送方式中，下列描述中（   ）是错误的。

A．中断可以随时发生

B．中断源发出的任何中断请求 CPU 必须无条件地立即执行

C．中断可以由外部硬件产生，也可以由程序预先安排

D．中断有可屏蔽中断与不可屏蔽中断之分

分析 中断具有随机性；对于中断源所发出的中断申请，只有当 CPU 当前正处于所执行指令的最后一个机器周期时，CPU 才对中断进行有条件的响应。中断又可分为软件中断和硬件中断，分可屏蔽中断与不可屏蔽中断。

答案 B

【例 7-3-2】（江苏单招考题 2010 年 B）中断请求信号是中断源向_____发出的。

A．主存　　　　B．Cache　　　　C．CPU　　　　D．外部设备

分析 中断是指 CPU 在执行程序的过程中，出现某些突发事件急待处理，CPU 必需暂停执行当前的程序，转去处理突发事件，处理完毕后，CPU 又返回原程序被中断的位置并继续执行。中断请求信号可以由硬件或软件发出，发出的中断请求是要求 CPU 给予响应的。

答案 C

拓展与变换 中断请求信号是中断源向（　　）发出的。

A．DMA　　　　B．Cache　　　　C．ROM　　　　D．CPU

【例 7-3-3】保护现场是在中断响应过程中（　　）中发出的。

A．中断请求　　　B．中断处理　　　C．中断响应　　　D．中断返回

分析 中断执行过程为中断请求、中断判优、中断响应、中断处理和中断返回。中断响应通常进行如下操作：关中断、保护断点、保护现场、给出中断入口地址并转入相应的中断服务程序。

答案 C

【例 7-3-4】（江苏单招考题 2013 年）在中断过程中，"保护现场"发生在中断_____。

A．请求阶段　　　B．响应阶段　　　C．处理阶段　　　D．返回阶段

分析 中断的响应过程主要内容包括中断现行程序、保护现场、中断服务程序入口地址送入程序计数器 PC。

答案 B

【例 7-3-5】（　　）（江苏单招考题 2008 年）在关中断状态下，CPU 不响应任何中断源的中断请求。

分析 CPU 在当前指令执行过程中会关中断，而当前指令执行的最后一个工作周期中会开中断。在关中断状态下，非屏蔽中断（如电源中断）仍可执行。

答案 错

【例 7-3-6】（江苏单招考题 2009 年）多个中断源同时向 CPU 提出中断请求时，CPU 将优先响应中断优先权高的中断请求。

分析 在执行程序的过程中，CPU 不是在任何时候对任何中断请求都能响应，用中断屏蔽，使同一级及低一级中断不能中断同一级及高一级的中断服务子程序。

答案 对

【例 7-3-7】（江苏单招考题 2010 年 A）采用中断传送方式的目的是让高速外设与主存储器直接进行数据传送，降低 CPU 的开销。

分析 采用 DMA 传送方式的目的是让高速外设与主存储器直接进行数据传送，降低 CPU 的开销。

答案 对

【例 7-3-8】（江苏单招考题 2013 年）在计算机与外设进行信息交换的过程中，CPU 无法预见中断源何时会发出中断请求。

分析 中断有两个重要特征：程序切换和随机性。中断可以在程序的任一位置进行切换，而且中断处理程序的功能与被中断的主程序没有任何直接联系。

答案 对

【例 7-3-9】（江苏单招考题 2010 年）中断响应过程的主要内容包括中断现行程序、保护现场、将中断服务程序入口地址送入_____。

分析 中断的响应过程主要内容包括中断现行程序、保护现场、中断服务程序入口地址（PC+1）送入程序计数器 PC。

答案 程序计数器 PC

【例 7-3-10】（江苏单招考题 2011 年）中断处理过程包括_____、中断响应、中断处理和中断返回 4 个阶段。

分析 中断的处理过程可分为中断请求、中断响应、中断处理、中断返回。

答案 中断请求

拓展与变换 （江苏单招考题 2009 年）中断处理过程有中断请求、_____、中断处理、中断返回。

巩固练习

一、单项选择题

1. 下列哪一个不是中断的组成部分（　　）。
   A. 中断请求　　　　B. 中断返回　　　　C. 中断处理　　　　D. 中断程序
2. 中断请求是（　　）提出的。
   A. 外设　　　　　　B. CPU　　　　　　C. 内存　　　　　　D. 总线
3. 保护断点是指保存原程序被中断位置，是在（　　）时被执行的。
   A. 中断请求　　　　B. 中断响应　　　　C. 中断处理　　　　D. 中断返回
4. 保护现场是在（　　）时被执行的。
   A. 中断请求　　　　B. 中断响应　　　　C. 中断处理　　　　D. 中断返回

5. 下列哪一项不可作为中断源发出中断请求（　　）。

    A. 输入/输出设备　　　B. 外存储器　　　　　C. 故障　　　　　　　D. 内存

6. 下列关于中断说法正确的是（　　）。

    A. 按中断的启动方式可将中断分为硬件中断和软件中断

    B. 软中断是通过软件调用的中断

    C. 中断只能通过硬件完成

    D. 所有软中断均属于非屏蔽中断

7. 下列关于中断说法正确的是（　　）。

    A. 中断只能由硬件产生　　　　　　　　　B. 中断只能由软件产生

    C. 软件和硬件都可产生中断　　　　　　　D. 以上三种说法都不对

8. 计算机设置中断的作用主要是为了（　　）。

    A. 进行 I/O 操作时提高 CPU 利用率　　　B. 具有实时处理能力

    C. 具有故障处理能力　　　　　　　　　　D. 在硬件级别中进行子程序调用

9. 中断处理操作不包括（　　）。

    A. 保护现场　　　　　　　　　　　　　　B. 执行中断服务程序主体

    C. 保护断点　　　　　　　　　　　　　　D. 恢复现场

10. 下列关于中断说法正确的是（　　）。

    A. 中断服务程序执行结束后，CPU 会自动返回原程序继续执行

    B. 中断服务程序执行结束后，中断源会再发出一个信号给 CPU 告诉 CPU 服务已结束

    C. 中断服务程序的最后一条指令是中断返回指令，该指令指示 CPU 返回原程序继续执行

    D. 中断执行完毕，CPU 通过 IR 值确定下一条指令地址

11. 中断响应后要做的第一件事是（　　）。

    A. 保护断点　　　　　　B. 保护现场　　　　　C. 恢复现场　　　　　D. 恢复断点

12. 在中断系统中，下列可以实现的中断嵌套是（　　）。

    A. 高一级中断可以中断同级或低一级

    B. 同级及高一级中断可以中断同级或低一级

    C. 高一级中断可以中断低一级

    D. 低一级中断可以中断高一级

13. 保护断点的过程应属于（　　）过程。

    A. 中断请求　　　　　　B. 中断响应　　　　　C. 中断处理　　　　　D. 中断返回

14. 下列哪一项内容不是中断响应所要操作的内容（　　）。

    A. 保护现场　　　　　　　　　　　　　　B. 保护断点

    C. 恢复现场　　　　　　　　　　　　　　D. 中断现行程序

15. 下列中断类别中，优先级别最高的是（　　）。

    A. 硬盘中断　　　　　　　　　　　　　　B. 键盘中断

    C. 数据格式非法中断　　　　　　　　　　D. 打印机中断

16. CPU 一旦响应中断，为了保护本次中断的现场和断点，应立即将（　　）。

    A. 中断请求清 0　　　B. 中断允许清 0　　　C. 中断屏蔽清 0　　　D. 中断源关闭

17. 中断响应过程不包括（　　）。

    A．保护现场

    B．恢复现场

    C．中断正在运行的程序

    D．将中断服务程序的入口地址送入程序计数器

18. 保护断点是在（　　）期间完成的。

    A．中断请求　　　　　B．中断响应　　　　　C．中断处理　　　　　D．中断返回

19. 下列各类中断中，中断优先级别最低的是（　　）。

    A．电源故障中断　　　　　　　　　　　B．除数为零中断

    C．键盘中断　　　　　　　　　　　　　D．不可屏蔽中断

20. 下列中断中，优先级别最高的是（　　）。

    A．打印机中断　　　　　　　　　　　　B．键盘中断

    C．电源故障中断　　　　　　　　　　　D．程序自愿性中断

21. 下面说法中正确的是（　　）。

    A．中断只能由硬件产生　　　　　　　　B．中断只能由软件产生

    C．软件和硬件都可以产生中断　　　　　D．以上三种说法都不正确

22. 下列哪一项不可作为中断源发生中断请求。（　　）

    A．I/O 设备　　　　　B．外存　　　　　　C．内存　　　　　　D．故障

23. 中断处理操作包括（　　）。

    A．保护现场　　　　　　　　　　　　　B．执行中断服务程序主体

    C．保护断点　　　　　　　　　　　　　D．恢复现场

24. 计算机设置中断目的主要是为了（　　）。

    A．具有实力处理的能力　　　　　　　　B．方便子程序调用

    C．具有故障处理能力　　　　　　　　　D．进行 I/O 操作时提高 CPU 利用率

25. 保护断点是保存原程序被中断位置，是在（　　）时被执行的。

    A．中断请求　　　　　B．中断响应　　　　　C．中断处理　　　　　D．中断返回

26. 在中断传送方式中，下列说法中不正确的是（　　）。

    A．中断可以随时发生

    B．中断源发出的任何中断请求，CPU 必须无条件立即执行

    C．中断可以由外部硬件产生，也可以由程序预先安排

    D．中断有可屏蔽中断和不可屏蔽中断之分

27. 下列有关中断作用的说法不正确的是（　　）。

    A．进行 I/O 操作时提高 CPU 利用率　　　B．具有实时处理功能

    C．具有故障处理功能　　　　　　　　　D．具有信息传递的功能

28. 下列哪项不是中断响应的主要内容（　　）。

    A．中断正在执行的程序

    B．中断判优

    C．保护现场

    D．将中断服务程序的入口地址送入 PC 中

29. 中断方式的主要特点是（　　）。

    A. 程序切换   B. 随机性

    C. 分时共享   D. 程序切换性和随机性

30. 堆栈常用于（　　）。

    A. 保护程序现场   B. 程序转移   C. 输入/输出   D. 数据移位

31. 中断向量是指（　　）。

    A. 子程序入口地址   B. 中断服务程序入口地址

    C. 中断服务程序入口地址的地址   D. 中断断点地址

32. 中断方式常应用于（　　）。

    A. 主程序与外设并行工作   B. 进行实时处理和故障处理

    C. 高速外存的数据块传送   D. 高速通信设备的数据块传送

33. 中断隐指令操作是由（　　）完成的。

    A. 硬件   B. 软件   C. 软件和硬件   D. 用户

34. 下列不是 CPU 响应中断的条件为（　　）。

    A. CPU 内部开中断   B. CPU 内部关中断

    C. 执行完当前指令之后   D. 未出现更高级的中断请求

35. 当系统发生某个突发事件时，CPU 暂停现行程序的执行，转去执行相应程序的过程称为（　　）。

    A. 中断请求   B. 中断响应   C. 中断判优   D. 中断返回

36. 多重中断的处理过程是（　　）。

    A. 保护现场→开中断→服务→关中断→恢复现场→开中断→返回

    B. 保护现场→关中断→服务→开中断→恢复现场→关中断→返回

    C. 保护现场→开中断→服务→关中断→开中断→恢复现场→返回

    D. 保护现场→开中断→恢复现场→服务→关中断→开中断→返回

37. 下列中断中，优先级最高的是（　　）。

    A. 打印机中断关系   B. 键盘中断   C. 电源故障中断   D. 程序中断

38. 下列关于中断功能的说法不正确的为（　　）。

    A. 提高了 CPU 和外设工作的并行性   B. 具有实时处理的能力

    C. 具有故障处理的能力   D. 提高了 CPU 的运行速度

39. 禁止不断的功能可以由（　　）来完成。

    A. 不断触发器   B. 中断允许触发器

    C. 中断屏蔽触发器   D. 中断禁止触发器

40. 在单级中断系统中，CPU 一旦响应中断，则立即关闭（　　）标志，以防止本次中断服务到来前同级的其他中断源产生另一个中断导致干扰。

    A. 中断允许   B. 中断请求   C. 中断屏蔽   D. 中断保护

41. 如果有多个中断同时发生，系统将根据中断优先级响应优先级最高的中断请求。若要调整中断事件的响应次序，可以利用（　　）。

    A. 中断嵌套   B. 中断向量   C. 中断响应   D. 中断屏蔽

42. 下列关于中断的说法中，正确的是（　　）。

A. 按照中断的启动方式可将中断分为硬件中断和软件中断

B. 软中断是通过软件调用的中断

C. 所有软中断均属于非屏蔽中断

D. 中断只能靠硬件来完成

43. ( ) 方式适用于实时处理。

A. 程序中断 B. DMA

C. 直接程序控制 D. 程序中断和 DMA

44. 中断服务子程序的最后一条必须是（ ）。

A. 中断结束指令 B. 中断转移指令

C. 中断调用指令 D. 中断返回指令

45. 下列几种 I/O 交换方式中，主要由程序实现的是（ ）。

A. 直接内存访问方式 B. 通道方式

C. 中断方式 D. 外围处理机方式

46. 保护断点是指保存原程序被中断位置，是在（ ）时被执行的。

A. 中断请求 B. 中断响应

C. 指令译码器 D. 状态寄存器

47. 断点是原程序被中断时（ ）的值。

A. 指令计数器 B. 指令寄存器 C. 指令译码器 D. 状态寄存器

48. 下列关于中断的说法中，错误的是（ ）。

A. 中断随时可以发生 B. 中断允许嵌套

C. 主机内发生的中断称为内部中断 D. 出现中断，CPU 必须立即响应

49. 电源故障中断属于（ ）。

A. 不可屏蔽中断 B. 控制台中断 C. I/O 设备中断 D. 可屏蔽中断

二、判断题

50. （ ）中断具有随机性，即中断随时都可能发生且只要有中断申请，CPU 就要立即执行中断服务程序。

51. （ ）中断处理过程中的保护现场就是将 PC 值压入堆栈中。

52. （ ）硬件中断是 CPU 必须执行的。

53. （ ）硬件中断是指通过外部硬件产生的中断请求信号。

54. （ ）中断只有在 CPU 处于所执行指令的最后一个机器周期时才对中断进行有条件的响应。

55. （ ）中断响应过程包括中断请求、中断响应、中断处理、中断返回等。

56. （ ）在一个时刻 CPU 只能响应一个中断。

57. （ ）CPU 执行一次中断就是进行一次子程序调用。

58. （ ）在 CPU 处理某一中断过程中，如果又有比该中断优先级别高的中断请求，则 CPU 会中断服务程序执行，转去响应新中断。

59. （ ）若 CPU 处于允许中断状态，一旦有中断请求，CPU 就会立即予以处理。

60. （ ）与外设信息交换方式中，中断方式最多，完全实现了 CPU 和外设的并行工作。

61. （ ）在中断服务子程序的末尾安排一条 RET 指令的目的是终止 CPU 执行所有程

序。

62.（　　）中断和程序设计中的过程调用是一样的。

63.（　　）键盘中断是一种输入/输出设备中断。

64.（　　）中断具有程序切换和随机性特征。

65.（　　）中断是每个计算机系统不可缺少的部件，由完成中断功能的硬件和软件组成。

66.（　　）在中断中，不可屏蔽中断 CPU 必须及时予以响应。

67.（　　）CPU 在处理某一中断过程中，遇到中断优先级别更高的中断，则立即停止当前正在执行的中断而转去响应新的中断。

68.（　　）在中断响应时，必须先进行断点保护，即将 PC 的内容压入堆栈。

69.（　　）中断是通过外部硬件产生的中断请求信号。

70.（　　）一般情况下，硬件中断也可以用软件中断来实现。

71.（　　）主程序调用子程序也是一种中断。

72.（　　）中断随时都有可能发生，且只要有中断请求，CPU 就立即响应。

73.（　　）中断技术是计算机系统不可缺少的部分，通过硬、软件相结合实现。

74.（　　）在多重中断中，CPU 采用随机的方式响应同时出现的多个中断请求。

75.（　　）在计算机中，同时出现多个中断请求时，CPU 按先来先处理的原则予以响应。

76.（　　）中断是指通过硬件产生的请求信号。

77.（　　）所有外设均采用中断方式工作。

78.（　　）一个更高优先级的中断请求一定可以中断另一个中断处理程序的执行。

79.（　　）中断方式一般适用于随机出现的服务。

80.（　　）为了保证中断服务程序执行完毕以后，能正确返回到被中断的断点继续执行程序，必须进行现场保护。

81.（　　）中断由硬件电路实现，DMA 通过软件、硬件的结合实现。

82.（　　）现在的微型计算机系统中应用最普遍的输入/输出方式是中断方式。

83.（　　）中断只有在 CPU 处于所执行指令的最后一个机器周期时才对中断进行有条件的响应。

84.（　　）中断系统由构成中断的硬件系统和软件系统组成。

85.（　　）非屏蔽中断是指一旦出现中断，应立即响应。

86.（　　）中断服务子程序的最后一条必须是中断返回指令。

三、填空题

87. 中断源是指能够引起的_____事件或能够发生的_____来源。

88. 中断可分为_____和_____，后者要求 CPU 立即予以响应。

89. 根据中断入口地址的提供方式不同，中断可分为_____和_____。

90. 中断断点是指_____。

91. 中断有两个重要特征，即程序切换和_____。

92. 在中断处理过程中，中断返回是通过事先安排在中断服务子程序末尾的_____指令实现的。

93. CPU 执行完中断服务子程序返回原程序的过程称为_____。

94. 中断请求是指中断源向_____发出请求信号的过程。

95．中断的处理过程包括_____、中断响应、中断处理和中断返回四个部分。

96．当 CPU 要与外设进行数据传送时，CPU 首先启动外设工作，当外设准备就绪时，主动向 CPU 发出_____，CPU 执行完_____后及时响应中断并暂停当前执行的程序，转去执行为该外设服务的程序，这就是数据的中断传送方式。

97．中断是指 CPU 在执行程序的过程中，出现某些突发事件急待处理，CPU 必须暂停_____，转处理突发事件。

98．外部设备在提出中断请求的同时，通过硬件向主机提供中断服务程序的入口地址，称为_____。

99．在有多个中断向 CPU 发出请求时，通常只响应一个中断，而将其他的中断屏蔽掉的过程称为_____。

100．中断可根据产生中断的中断源分为_____和_____中断。

101．在进行中断处理时，CPU 应先将_____保存在_____中，然后再执行中断服务程序主程序体和执行结束后_____。

102．外部事件向 CPU 提出的服务申请称为_____，CPU 对中断请求的认可称为_____，原程序被中断的位置称为_____，用于处理该事件的过程称为_____，保存被中断位置称为_____，原程序中各通用寄存器的内容称为现场；在中断处理程序开始要保存的寄存器内容，称为_____，在中断处理程序即将结束前要恢复这些寄存器内容，称为_____，返回原来被中断的位置称为_____。

103．CPU 响应中断的条件是_____已开放，并且 CPU 应正处理执行指令的最后一个_____。

104．中断返回后 CPU 通过将_____中保护的_____值弹出，返回原程序断点处继续向下执行。

105．CPU 执行完中断服务子程序返回原程序的过程称为_____。

106．CPU 暂停执行现行程序，转而处理随机事件，处理完毕后再返回原程序，这一过程称为_____。

107．中断根据中断源的位置可分为_____中断和_____中断。

108．中断的两个主要特点是_____和随机性。

109．单重中断处理过程通常包括_____、中断响应、中断处理和_____四个过程。

110．根据中断的可屏蔽性，中断可分为_____和_____。

111．CPU 在处理一个中断服务过程中响应了更高优先级的中断，这种一个中断中包含另一个中断，这一过程称为_____。

112．中断的两个主要特点是_____和随机性。

113．中断方式与子程序调用之间的主要区别在于前者具有_____。

114．中断根据中断源的位置可分为_____中断和_____中断。

115．通常，CPU 在当前指令执行_____时，检查是否存在中断请求。

116．中断返回是由中断服务程序的_____指令实现的。

117．在恢复现场的过程中，CPU 应处于_____（开/关）中断状态。

118．中断处理是指处理器执行_____。

119．处理器对中断的响应是由_____（硬/软）件来完成的。

120．程序中断方式控制输入/输出的主要特点是，可以使_____和_____并行工作。

121．在中断方式中，当 CPU 要与外设进行数据传送时，CPU 首先启动外设工作，当外设准备就绪时，主动向 CPU 发出_____，CPU 执行完_____后，暂停当前程序执行，响应中断，转去执行_____，执行完毕，返回原程序继续执行。

122．在中断处理过程中，先打开_____，后执行中断服务程序主体，执行完毕，应先关闭_____，再恢复_____，最后中断返回。

123．中断服务程序的最后一行应是_____。

7.4 DMA 方式、通道方式及外围处理机方式

学习目标

1．掌握 DMA 方式和通道方式的基本概念。

2．理解 DMA 方式和通道方式的特点。

3．了解外围处理机方式。

内容提要

1．DMA 方式

1）DMA 的定义

DMA 方式又称为直接存储器存取（Direct Memory Access）方式，是指直接依靠硬件在主存和 I/O 设备之间传送数据，传送期间不需要 CPU 干预。

在 DMA 方式下，传送控制直接由硬件实现，而不是通过执行 I/O 指令实现的。这里的硬件通常指 DMA 控制器（简称 DMAC）。DMA 控制器从 CPU 处取得总线控制权，控制数据传送，传送结束后再将总线权交还 CPU。

说明 查询方式和中断方式下的数据传送是在 CPU 直接控制下进行的。

2）DMA 的特点

（1）具有随机性

DMA 方式以响应随机请求的方式，实现主存与 I/O 设备间的数据传送。

（2）具有更高的并行性

响应 DMA 请求后，CPU 仅仅交出了总线控制权，不使用系统总线，但并不切换程序，因而，不影响现行程序的执行状态，也就不存在程序切换所需的一系列操作。在 DMA 传送期间，CPU 可以并行地执行自己的程序。

（3）传送速度快、传送操作简单

在这种方式下，数据传送的速率可以达到很高，一般可在 0.5 M/s 字节以上，能够满足高速传送的需要。但是 DMA 传送直接由硬件完成，不能处理复杂事件，因而，只能进行简单的

传送操作。

3）DMA 应用

根据 DMA 方式的特点，一般应用于高速的、简单的批量数据传送。

（1）用于磁盘等高速外设的数据块传送。磁盘与主存通常以数据块为单位传送数据。

（2）用于高速通信设备的数据帧传送。高速通信设备一般以帧作为传送单位。

（3）用于高速数据采集。

（4）用于动态存储器刷新。

4）DMA 数据传送过程

DMA 的数据传送过程可分为三个步骤，如下所示：

（1）准备阶段（初始化）。

（2）数据传送阶段（DMA 传送）。

（3）结束阶段（善后处理）。

2．通道方式

1）通道特点

（1）通道方式是一种在 DMA 方式的基础上发展形成的、功能更强的 I/O 管理方式，它覆盖了 DMA 方式的功能。

（2）两类总线的系统结构，一类是连接 CPU、通道和主存的存储总线；另一类是连接通道与设备的 I/O 总线。

（3）整个系统分为两级管理，一级是 CPU 对通道的管理，二级是通道对设备控制的管理。

2）通道类型

（1）选择通道

这种通道可以连接多台快速 I/O 设备，但这些外设不能同时工作，在某一段时间内只能选择一台设备进行工作。其数据传送是以数据块为单位进行的。

优点：选择通道主要用于连接高速外设，如磁盘、磁带等，信息又以成组方式传送，传输率很高。

缺点：由于连接选择通道设备的辅助性操作时间很长，整个通道的利用不是很高。

（2）字节多路通道

这种通道可以连接和管理多台慢速设备，以字节交叉方式传送数据。

优点：可充分发挥通道效能，提高整个通道的数据传输能力。

缺点：增加了传输控制的复杂性。

（3）数组多路通道

这种通道可以连接和管理多台快速设备，允许并行工作，但通道以成组交叉方式传送数据。

优点：因为既保留了选择通道传输率高的优点，又能充分利用设备的辅助操作时间，故大大提高了通道的效率。

缺点：控制复杂。

3．外围处理机方式

外围处理机（简称 PPU）方式是通道方式的进一步发展，由于 PPU 方式基本上独立于主机工作，它的结构更接近一般处理机，甚至就是微小型计算机。

例题解析

【例7-4-1】周期挪用方式常用于（　　）方式的输入/输出中。

　　A．DMA　　　　　　　B．中断　　　　　　　C．程序传送　　　　D．通道

分析 在 DMA 传送方式中，CPU 与 DMA 控制器分时使用内存方法：停止 CPU 访问内存、周期挪用、DMA 与 CPU 交替访问内存。

答案 A

【例7-4-2】（江苏单招考题 2011 年）DMA 控制方式用于实现_____之间的信息交换。

　　A．CPU 与外设　　　B．CPU 与主存　　　C．内存与外设　　　D．外设与外设

分析 DMA 方式是在内存与 I/O 设备之间有直接的数据传送通路，不必经过 CPU，称为数据直传。

答案 C

【例7-4-3】（江苏单招考题 2012 年）DMA 方式是以_____为单位进行数据传送的。

　　A．位　　　　　　　　B．字节　　　　　　　C．字　　　　　　　　D．数据块

分析 DMA 方式主要适用于存储器与一些高速的 I/O 设备间进行数据传送。这些设备传输字节或字的速度非常快。对于这类高速 I/O 设备，如果用输入/输出指令或采用中断的方法来传输字节信息，会大量占用 CPU 的时间，同时也容易造成数据的丢失。而 DMA 方式能使 I/O 设备直接和存储器进行成批数据的快速传送。

答案 D

拓展与变换 （江苏单招考题 2010 年 B）在主机与外部设备的数据传送方式中，_____方式一般用于主存与 I/O 设备之间的高速数据传送。

【例7-4-4】（　　）（江苏单招考题 2012 年）直接存储器存取方式（DMA 方式）在传送数据期间不需要 CPU 干预。

分析 DMA 方式是在内存与 I/O 设备之间有直接的数据传送通路，不必经过 CPU，称为数据直传。

答案 对

拓展与变换 1．利用程序进行控制的交换方式称为程序查询方式、程序中断方式，用于数据传输率比较低的外围设备；而 DMA 方式、通道方式、PPU 方式主要采用硬件或软件方式控制的交换方式，用于主要数据传输率比较高的外围设备。

2．微型机和小型机大都采用程序查询方式、程序中断方式和 DMA 方式；中型机和大型机大都采用通道方式、PPU 方式。

【例7-4-5】 （江苏单招考题 2010 年 B）北桥芯片主要负责_____与内存之间的数据传输和交换。

分析 一块计算机主板，以 CPU 插座为北，靠近 CPU 插座的一个起连接作用的芯片称为北桥芯片，英文名为 North Bridge Chipset。北桥芯片是主板上离 CPU 最近的芯片，主要考虑北桥芯片与处理器之间的通信最密切，为了提高通信性能而缩短传输距离。

答案 CPU

巩固练习

一、单项选择题

1. DMA 方式传送数据，是以为（　　）中心的体系结构。

    A．CPU　　　　　　B．DMA 控制器　　　　C．存储器　　　　　　D．I/O 设备

2. 下列哪一种数据传送方式需 CPU 的干预（　　）。

    A．DMA 方式　　　B．中断方式　　　　　C．查询方式　　　　　D．通道方式

3. 直接存储器存取简称为（　　）。

    A．DMA　　　　　　B．PPU　　　　　　　C．TMD　　　　　　　D．AMD

4. DMA 方式中，输入设备的数据经（　　）总线传送到内存。

    A．数据　　　　　　B．地址　　　　　　　C．控制　　　　　　　D．内部

5. 在计算机中，主机和高速硬盘进行数据交换一般采用（　　）。

    A．程序查询方式　　　　　　　　　　B．程序中断方式

    C．DMA 方式　　　　　　　　　　　D．通道方式

6. 目前，硬盘之间进行数据复制所采用的信息交换方式是（　　）。

    A．程序查询方式　　　　　　　　　　B．中断方式

    C．DMA 方式　　　　　　　　　　　D．IOP 方式

7. 在微型计算机中，（　　）和高速外围设备之间的大批量数据交换采用 DMA 方式。

    A．CPU　　　　　　B．I/O 接口　　　　　C．内存　　　　　　　D．总线控制器

8. 在 CPU 与外设之间进行数据交换的控制方式中，硬件电路相对复杂的是（　　）。

    A．查询方式　　　　B．中断方式　　　　　C．DMA 方式　　　　D．外围处理机方式

9. 直接内存访问方式的英文简称为（　　）。

    A．PPU　　　　　　B．CAM　　　　　　　C．CPU　　　　　　　D．DMA

10. 下列数据传送方式中，不需要 CPU 干预的是（　　）。

    A．程序查询方式　　　　　　　　　　B．中断方式

    C．程序控制方式　　　　　　　　　　D．DMA 方式

11. 下列几种传送方式中，主要由程序实现是（　　）。

    A．DMA 方式　　　B．中断方式　　　　　C．通道方式　　　　　D．外围处理机方式

12. 当主存与 I/O 设备之间有大量的数据需要进行传输时，可采用（　　）。

    A．DMA 方式　　　B．Cache　　　　　　C．程序查询方式　　　D．中断方式

13. 在计算机系统中，高速硬盘与内存交换信息时常采用（　　）。

    A．中断方式　　　　B．通道方式　　　　　C．程序查询方式　　　D．DMA 方式

14. DMA 控制方式用于实现（　　）之间的信息交换。

    A．CPU 与 I/O 接口　　　　　　　　B．内存与 I/O

    C．I/O 设备与 I/O 接口　　　　　　　D．CPU 与 I/O 设备

15. 采用 DMA 传送数据时，每传送一个数据占用（　　）。

    A．一个指令周期　　　　　　　　　　B．一个机器周期

    C．一个存储周期　　　　　　　　　　D．一个总线周期

16. 在计算机系统中，用于高速外存与主存间直接交换信息，可采用（　　）。
    A. 中断方式　　　B. 程序查询　　　C. DMA 方式　　　D. 通道方式

17. 在采用 DMA 方式高速传输数据时，数据传送是（　　）。
    A. 在总线控制器发出的控制信号控制下完成的
    B. 由 CPU 执行的程序完成的
    C. 在 DMA 控制器本身发出的控制信号控制下完成的
    D. 由 CPU 响应中断处理完成的

18. DMA 的中文含义为（　　）。
    A. 中央处理器　　　　　　　　　B. 外围处理机
    C. 直接存储、读取　　　　　　　D. 通道

19. 在 DMA 方式中，内存的数据经（　　）总线传送到输出设备。
    A. 数据　　　　B. 地址　　　　C. 控制　　　　　D. 内部

20. DMA 数据传送控制的周期挪用方式主要适用的情况是（　　）。
    A. I/O 设备周期大于内存存储周期　　B. I/O 设备周期小于内存存储周期
    C. CPU 工作周期比内存存储周期长　　D. CPU 工作周期比内存存储周期小

21. 通道方式是在下列哪一种方式基础上发展而来的（　　）。
    A. 程序查询方式　　　　　　　　B. 程序中断方式
    C. 直接存储器存取方式　　　　　D. 外围处理机方式

22. 通道的任务是（　　）。
    A. 管理 CPU 进行 I/O 操作
    B. 管理实现输入/输出操作，提供一种传送通道
    C. 在内存和外设间架设一条直接数据通路并管理
    D. 在 CPU 和外设间架设一条直接数据通路并管理

23. 下列哪一个不是通道的类型（　　）
    A. 字节多路通道　　　　　　　　B. 选择通道
    C. 数组多路通道　　　　　　　　D. 数据块多路通道

24. 下列数据传送方式中，主机与 I/O 操作间并行程度最高的是（　　）。
    A. 程序查询方式　　　　　　　　B. 程序中断方式
    C. DMA 方式　　　　　　　　　　D. 通道方式

25. 下列数据传送方式中，哪一个既依靠硬件又依靠软件（　　）。
    A. 程序查询方式　　　　　　　　B. 程序中断方式
    C. DMA 方式　　　　　　　　　　D. 通道方式

26. 目前，微型计算机系统一般不采用的输入/输出控制方式为（　　）。
    A. 程序查询方式　　　　　　　　B. 程序中断方式
    C. DMA 方式　　　　　　　　　　D. 外围处理机方式

27. 通道是一种具有特殊功能的处理器，某些应用中，输入/输出处理器方式简称为
（　　）。
    A. IOP　　　　　　B. DMA　　　　　　C. PPU　　　　　　D. CPU

28. 下列数据传送方式中，效率最高的是（　　）。

A. 程序查询方式　　　B. 程序中断方式　　　C. DMA 方式　　　D. 通道方式

29. 外围处理机简称为（　　）。

A. IOP　　　　　　B. DMA　　　　　　C. PPU　　　　　　D. CPU

30. 下列叙述中错误的是（　　）。

A. DMA 是由硬件执行的 I/O 传送方式

B. 中断传送方式中 CPU 不会干预数据的传送过程

C. 无条件传送方式不可靠，但传送方式简单

D. 在条件传送方式中，CPU 的利用率不高，CPU 一直处于对外设的查询等待中

31. 对于大中型计算机，常用的控制方式是（　　）。

A. 程序查询方式　　　B. 中断方式　　　C. DMA 方式　　　D. 通道方式

32. 字节多路通道的数据传送单位是（　　）。

A. 字节　　　　　　B. 数据块　　　　　C. 字　　　　　　D. 位

33. 在三种数据传送方式中，下列描述中，错误的是（　　）。

A. DMA 是有硬件执行的 I/O 传送

B. 在中断传送方式中，CPU 不用于干预数据的传送过程

C. 无条件传送方式不可靠，但传送方式简单

D. 在条件传送方式中，CPU 的利用率不高，CPU 一直处于对外设的查询等待中

34. 下列不是 CPU 对外部设备的控制方式的是（　　）。

A. 中断　　　　　　B. DMA　　　　　　C. 通道　　　　　　D. 虚设备

35. 选择通道上可连接若干外围设备，其数据传送的单位是（　　）。

A. 字节　　　　　　B. 字　　　　　　C. 位　　　　　　D. 数据块

二、判断题

36. （　　）DMA 的含义是直接存储器存取。

37. （　　）DMA 方式是在 DMA 控制器的控制下实现数据传送操作的。

38. （　　）在 DMA 方式中，当外设发出 DMA 请求时，DMA 控制器响应请求。

39. （　　）DMA 控制器是指一个功能强大的程序。

40. （　　）DMA 方式比中断方式效率高，能处理复杂的数据传送。

41. （　　）DMA 方式主要由硬件实现。

42. （　　）DMA 控制器和 CPU 可以同时占用同一总线。

43. （　　）在 DMA 方式中，DMAC 和 CPU 同时使用系统总线以实现 CPU 和外设的并行工作。

44. （　　）DMA 总线是一种局部总线。

45. （　　）DMA 方式是一种纯硬件方式，不需要软件的支持，但必须在 CPU 的干预下才能完成 I/O 操作。

46. （　　）DMA 控制器和 CPU 可以同时占用同一总线。

47. （　　）内存与高速硬盘间数据传送一般采用 DMA 方式。

48. （　　）DMA 方式用纯硬件实现，因而，在计算机中这种控制方式下数据传输速度最快。

49. （　　）在 DMA 数据传送方式中，存储器与高速外设之间交换数据时，CPU 要实时进行控制。

50. （　　）在 DMA 传送方式中，CPU 不干预数据的传送过程，传送过程也不占用系统总线。

51. （　　）在 DMA 传送方式中，由 DMA 控制器来控制总线。

52. （　　）DMA 的含义是直接存储器存取，适用于存储器与高速外设之间的数据传送。

53. （　　）在 DMA 方式中，数据传送过程是由 DMA 来控制的。

54. （　　）DMA 方式与中断方式都具有随机性，能实现并行操作。

55. （　　）DMA 控制器可以与 CPU 同时共享总线的使用权。

56. （　　）在 DMA 方式中，数据的传送过程是由 DMAC 来控制的。

57. （　　）DMA 方式主要用以解决大批量数据传送速度慢的问题。

58. （　　）在通道方式中，CPU 与 I/O 操作间并行程度较高。

59. （　　）在通道方式中，整个系统分为二级管理，一级是 CPU 对通道的管理，二级是通道对设备控制的管理。

60. （　　）在通道方式中，通道和 CPU 分时使用内存。

61. （　　）在字节多路通道中，数据传送的单位是字节，可连接多台慢速设备。

62. （　　）通道方式数据传送效率比 DMA 方式要低。

63. （　　）通道方式和 PPU 方式大都用在中、大型计算机系统中。

64. （　　）在数据传送方式中，主要由附加硬件实现的有 DMA 方式，通道方式和 PPU 方式。

65. （　　）输入/输出系统可以实现主机与外围设备的信息交换。

66. （　　）通道是一组输入/输出传送线。

67. （　　）在现代计算机系统中，CPU 与外设交换数据已不采用低效率的方式，只采用高效率外围处理机方式。

三、填空题

68. DMA 的中文含义是_____。

69. DMA 方式是在_____和_____之间开辟一条直接数据传送通道。

70. DMA 方式适用于_____和_____之间大批数据交换的集合。

71. 在 DMA 方式中，数据传送过程是由_____来控制的。

72. DMA 的中文含义是_____。

73. 当外围设备发出 DMA 请求时，CPU 响应请求，_____从 CPU 接管总线的控制权。

74. DMA 工作过程分为三个阶段：_____、_____、善后处理阶段。

75. DMA 控制是在_____与_____之间开辟一条直接数据传送通道，在数据传送时不必经过_____。

76. DMA 与中断方式均有一个相同的特点为_____。

77. DMA 方式主要特点是传送速度快、_____和更高的并行性。

78. DMA 方式传送控制是直接由_____实现的，而不是通过执行 I/O 指令实现的。

79. DMA 方式一般用于高速、简单的_____传送。

80. CPU 和 I/O 设备之间数据传送的方式可分为一般程序控制方式、_____、_____、通道方式和外围处理机方式。

81. 直接存储器存取方式进行数据传送是指在_____和_____间建立一条直接的

数据传送通路，数据传送的过程在_____的控制下，不需要_____的干预，形成以_____为中心的体系结构。

82．DMA 方式是一种不需要_____干预也不需要_____介入的高速数据传送方式。

83．通道方式是在_____方式基础上发展而来的。

84．在数组多路通道中，数据传送的单位是_____。

85．通道在某些应用中称为_____处理器。

86．在主机与外部设备之间多种数据传送方式中，主要由硬件实现的有_____、_____和外围处理机方式。

87．通道有三种类型：选择通道、_____通道和_____通道。在通道方式的指令系统中，除了有供 CPU 编程使用的指令，还需要供_____编程使用的指令。

88．通道有三种类型：_____通道、_____通道、_____通道。在通道方式的指令系统中，除了供 CPU 编程使用的指令，还需要供_____编程的指令。

第8章　外围设备

◇　了解显示设备、输入设备和打印设备，以及外存储器的工作特点和使用方法。
◇　掌握掌握外围设备的分类和一般功能。

历年考点

	选择题	判断题	填空题
2008 年	输入/输出设备		扇区
2009 年			
2010 年	显示器技术指标	显示器技术指标	
2011 年			
2012 年			
2013 年	输入/输出设备		

8.1 外围设备

学习目标

1. 了解外围设备的概念和分类。
2. 了解外围设备的功能。

内容提要

1. 外围设备的概念

外围设备是指能与主机连接、交换信息的设备，除 CPU 和内存以外的计算机系统的其他设备。

外围设备的主要功能：在计算机和其他的外围设备之间，以及计算机与用户之间进行信息交换。此外，外围设备也是信息转换、储存的工具。外围设备的工作速度比主机慢。

2. 外围设备的分类

外围设备按在计算机系统中的功能和用途，大致上可分为输入设备、输出设备、外存储设备、数据通信设备、过程控制设备等。

有些设备本身既是输入设备又是输出设备。如外存储设备、键盘与 CRT 显示器组成的终端设备，具有输入/输出的复合功能。

3. 外围设备的功能

1）输入设备

输入设备具有将外部信息转换为二进制代码的功能，将外部的程序、原始数据和操作命令等信息输入主机。外部信息包括符号形式（字符、数字等）和非符号形式（图形、图像、声音等）。常见的输入设备有键盘、鼠标、扫描仪、触摸屏、光笔、电子眼、摄像头、摄像机、数字照相机、条形码读入器、数字化议、手写输入板、游戏杆、语音输入装置等。

2）输出设备

输出设备是计算机的终端设备，用于接收计算机数据的输出显示、打印、声音、控制外围设备操作等。将计算机处理的二进制代码信息，转换成人们能识别的形式，如数字、符号、文字、图形或声音等输出到外部，供人们分析和使用。常见的输出设备有显示器、打印机、绘图仪、影像输出系统、语音输出系统、磁记录设备等。

3）外存储器

外存储器是指主机之外的一些存储器，用于扩大计算机的存储容量，既是存储器，也是一种输入/输出设备（对 CPU 而言）。外存储器的任务是存储或读取数字代码形式的信息，一般不担负信息转换的功能，所以常将它们作为 I/O 设备的一类，常见的有硬盘、软盘、磁带机、光盘。

4）数据通信设备

数据通信设备用于计算机与计算机之间进入信息传送。如调制解调器、网卡、路由器、传输介质等其他通信设备。

5）过程控制设备

过程控制设备主要用于计算机的过程控制。如传感器、A/D 转换器、D/A 转换器。

例题解析

【例 8-1-1】在下列设备中，属于输出设备的是（   ）。

    A．硬盘   B．键盘   C．鼠标   D．打印机

分析 硬盘是一种存储介质，与驱动器和适配卡共同组成外存储器；键盘与鼠标均属于输入设备，打印机将计算机中的文件输出至纸上供用户阅读，是输出设备。

答案 D

【例 8-1-2】在微型计算机中，下列设备属于输入设备的是（   ）。

    A．硬盘   B．键盘   C．鼠标   D．打印机

分析 打印机和显示器均属于输出设备，只有键盘属于常用的输入设备，硬盘为存储器的存储介质。

答案 C

【例 8-1-3】（江苏单招考题 2008 年）下列既是输入设备，又是输出设备的有_____。

    A．鼠标   B．键盘   C．绘图仪   D．触摸屏

分析 触摸屏既具有输入功能，又具有显示功能。

答案 D

巩固练习

一、单项选择题

1. 下列关于外围设备的说法正确的是（   ）。

    A．包括输入设备/输出设备和外存储器等

    B．计算机硬件系统中除中央处理器以外的部件

    C．外围设备是指计算机主机箱以外的设备

    D．硬盘装在计算机的主机箱内，因而，它不属于外围设备

2. 下列关于外围设备的功能，说法正确的是（   ）。

    A．在计算机和其他外围设备之间，计算机和用户之间交换信息

    B．将外部信息输入到计算机中

    C．将计算机中处理的结果输出给用户

    D．在计算机和其他外设间交换信息

3. 下列设备中具有输入功能的是（   ）。

    A．显示   B．打印   C．触摸   D．绘图仪

4．计算机的基本输入设备是指（　　　）。

  A．鼠标   B．键盘   C．扫描仪   D．数码相机

5．下列设备中既可作为输入设备，又可作为输出设备的是（　　　）。

  A．外存储器 B．数码相机 C．显示器   D．打印机

6．鼠标是用于（　　　）的设备。

  A．光标定位 B．光标移动 C．文件选定 D．打开菜单

7．下列不属于扫描仪技术指标的是（　　　）。

  A．分辨率   B．色深   C．幅宽   D．外形

8．微型计算机的主机不包含的部件是（　　　）。

  A．鼠标   B．内存储器 C．运算器   D．控制器

9．下列常用设备中不属于输入设备的是（　　　）。

  A．数码相机 B．键盘   C．扫描仪   D．绘图仪

10．下列设备中，不属于输入设备的是（　　　）。

  A．键盘   B．鼠标   C．数码相机 D．激光打印机

11．下列不属于输入设备的是（　　　）。

  A．键盘   B．鼠标   C．绘图仪   D．扫描仪

12．通常情况下，一台计算机必备的输入设备是（　　　）。

  A．语音输入设备   B．扫描仪

  C．键盘   D．数码相机

13．在微型计算机中，下列设备属于输入设备的是（　　　）。

  A．打印机   B．显示器 C．键盘   D．硬盘

14．下列属于输入设备的是（　　　）。

  A．打印机   B．绘图仪 C．软盘   D．数码相机

15．在下列设备中，属于输入设备的是（　　　）。

  A．打印机   B．显示器 C．键盘   D．绘图仪

16．目前，商场中使用的条形码阅读器可作为（　　　）。

  A．输出设备

  B．输入设备

  C．既不属于输入设备也不属于输出设备

  D．输入设备也可作为输出设备

17．用于描述鼠标分辨率的单位是（　　　）。

  A．Kbps   B．dpi   C．MBPS   D．MIPS

18．微型计算机中使用的鼠标通常连接在（　　　）。

  A．并行接口 B．串行接口 C．显示器接口 D．键盘接口

19．目前，商场中使用的条形码读入器（　　　）。

  A．可作为输入设备   B．不可作为输入设备也不可作为输出设备

  C．可作为输出设备   D．可作为输入设备或输出设备

20．鼠标的性能指标分辨率的单位是（　　　）。

  A．BPS   B．BPI   C．DPI   D．RPM

21. 计算机外设按访问方式来分可分为输入设备和输出设备，数码相机属于（ ）。

    A．输入设备   B．既不属于输入设备也不属于输出设备

    C．输出设备   D．既属于输入法设备也属于输出设备

22. 下列不属于扫描仪的技术指标为 （ ）。

    A．分辨率   B．色阶   C．TWAIN   D．缓存容量

二、判断题

23. （ ）键盘是计算机系统的最基本的输入设备。

24. （ ）将计算机处理后的二进制数字量转化为连续变化的模拟量的是 A/D 转换器。

25. （ ）增强型键盘是在标准型 101 键盘基础上增加了一些特殊功能键，现代计算机系统一般使用增强型键盘。

26. （ ）键盘根据键开关不同可分为有触点式和无触点式。

27. （ ）键盘根据按键个数不同可分为 83 键盘、101 键盘、增强型键盘等。

28. （ ）鼠标又称为 MOUSE，根据按键个数不同可分为 2 键和 4 键。

29. （ ）鼠标根据所采作的技术不同可分为机械式和光电式。

30. （ ）扫描仪既可用于将图形图像输入到计算机中，又可用于输出图形、图像。

31. （ ）扫描仪可分为平板式和手持式，前者扫描的质量较好。

32. （ ）扫描仪扫描到计算机中的是图像信息，若想将文字扫描到计算机中进行编辑，必须借助专门的软件将图像转换成文字。

33. （ ）鼠标是计算机常用的输入设备，所以不需要驱动程序。

34. （ ）数码相机是一种输出设备。

35. （ ）手持式扫描仪扫描的图像质量比平板式扫描仪高。

36. （ ）用扫描仪扫描的只能是黑白图形或图像。

37. （ ）扫描仪也可以实现字符的输入。

38. （ ）条形码阅读器使用光电技术扫描条形码，将条形码记录的信息输入到计算机中。

39. （ ）鼠标的分辨率是指鼠标移动 1 英寸所能检测到的点数。

40. （ ）扫描仪可分为平板式和手持式，前者扫描的质量较好。

41. （ ）计算机常用的输入设备有扫描仪、键盘、鼠标、数码相机等。

42. （ ）扫描仪既能够扫描图像又能够不输入字符和文字。

43. （ ）输入设备就是将信息送入计算机的存储器中的一种硬件设备。

44. （ ）扫描仪可以扫描图形也可以扫描文字，但扫描后只以文字形式存储。

45. （ ）用扫描仪扫描的只能是黑白图形或图像。

46. （ ）数码相机和传统相机的成像原理是一样的。

47. （ ）根据鼠标所采用技术方式的不同，可分机械式和光电式。

三、填空题

48. 计算机硬件系统中除了 CPU 和内存以外的其他部件称为_____。

49. 计算机系统的外围设备随着计算机技术的发展和应用领域的扩大而种类越来越多，主

要包括_____、_____、_____和数据通信设备和过程设备。

50. 计算机系统最基本的输入设备是_____。

51. 鼠标的英文名为_____，根据工作原理不同可分为_____和_____，常用的底部带小球的是_____。

52. 扫描仪的分辨率的指标是 DPI，其含义是_____。

53. 扫描仪的技术指标主要有_____、_____和幅宽。

54. 常用的外围设备的包括输入设备、输出设备、外存储器、_____、过程控制设备和多媒体设备。

55. 按所采用的技术，鼠标可以分为机械式和_____两种。

56. 常见的输入设备有键盘、_____和扫描仪等。

57. 扫描仪也是一种输入设备，它主要利用_____原理来读取照片、文字或图形，然后送入计算机进行分析、加工和处理。

58. 传统的摄像机必须与_____配合才能将图像输入到计算机中。

59. 扫描仪的分辨率可以用_____（英文名称）来表示。

60. 用于向计算机输入程序和数据信息的设备称为_____。

61. 扫描仪是一种图形、图像输入设备，其分辨率的单位 DPI 是指_____。

62. 用于向计算机输入程序和数据信息的设备称为_____。

8.2 常见外围设备的工作特点和使用方法

学习目标

1. 了解输入设备、输出设备和外存储器的工作特点。
2. 掌握输入设备、输出设备和外存储器的使用方法。

内容提要

1. 输入设备

输入设备的作用是把程序和原始数据转换成用以二进制表示的电信号，常见的输入设备有键盘、鼠标器、触摸屏、扫描仪等。

1）键盘

键盘工作的基本原理是将键盘上的按键动作转换成相应的 ASCII 码送给主机。用软件或硬件的方式实现查找按键所在。通常包括字符键与控制键。

按工作原理可分为机械式（触点式）和电容式（薄膜式）。

按接口分为 AT 接口、PS/2 接口、USB 接口和无线键盘等。目前，配置较多的是电容式 PS/2 接口键盘。

按键盘按键的个数为 84 键、101 键、102 键、103 键等。

2）鼠标

鼠标是一种用移动光标做选择操作的输入设备。

（1）鼠标器分类

按工作原理鼠标器主要分为机械式、光电式、光学鼠标器三种。

按照按键的数目分类有两键、三键及滚轮鼠标。

按与主机的连接形式分为有线鼠标、无线鼠标。

（2）鼠标器的技术指标

① 分辨率：即 dpi，反映鼠标器内解码装置所能辨认每英寸长度内的点数，分辨率高表示光标在显示器的屏幕上移动定位较准。

② 灵敏度：是影响鼠标性能的非常重要的一个因素。

③ 抗振性：主要取决于鼠标外壳的材料和内部元素的质量。

3）扫描仪

扫描仪是一种图形、图像的专用输入设备。根据光学扫描原理从纸介质上读取照片、文字或图形，然后送入计算机进行加工和处理。扫描仪主要性能指标是分辨率、色彩位数、灰度值、接口等。

扫描仪按操作方式的不同可分为平板式和手持式，前者一般用于图像扫描，质量较高；后者使用方便、灵活，但扫描的图像质量一般。

4）触摸屏

触摸屏是一种利用传感器来确定手指触摸屏的位置坐标，并能够将位置信号传送给主机进行处理的设备。

触摸屏根据其采用的技术不同，分为电阻式、电容式、红外线式、声表面波式的触摸屏。

2．输出设备

输出设备的作用是把运算处理结果按照人们所要求的形式输出，常用的有显示器、打印机、绘图仪等。

1）显示器

显示器的作用是把主机上输出的电信号经过一系列处理后转换成光信号，并最终将文字、图形显示出来，也是计算机最重要的输出设备。

（1）分类

按显示器件的不同要分为阴极射线管（又称为 CRT）显示器、液晶显示器（又称为 LCD）、等离子显示器等。

按显示器的发光颜色可分为单色显示器和彩色显示器。

（2）CRT 显示器

① 组成：主体部分是显像管，由真空管、电子枪、偏转线圈和荧光屏等部分构成。

② 工作原理：基于电视机接收图像的过程。不论是字符显示或图形显示，实质上，一个字符或图形数据都是由若干个亮度不同或色彩不同的点阵组成，其中每一个点称为一个像素。

（3）技术指标

① 显像管：是决定显示器性能是否优越的关键因素。按屏幕表面曲度，可分为球面、平面直角、柱面、完全平面等。

② 显像管尺寸：是指四边形的对角线长度，一般以英寸为单位。常见有 15 英寸、17 英寸、

19 英寸、21 英寸。

③ 点距：是指荧光屏上两个相邻的相同颜色磷光点之间的对角距离。点距的单位是 mm。点距越小显示的图像就越清晰细腻，价格也就越高。

④ 分辨率：显示器的分辨率以水平显示的像素个数×水平扫描线数表示。如 1024×768 指每帧图像由水平 1024 个像素、垂直 768 条扫描线组成。分辨率越高，屏幕上能显示的像素个数就越多，图像也就越细腻。

(说明) 分辨率不仅决定于显示器本身，还决定于与显示器配套的显示卡。

垂直刷新率：又称为场频、扫描频率，指显示器在某一显示方式下，所能完成的每秒从上到下刷新次数，单位是 Hz。垂直刷新率越高，图像越稳定，闪烁感越小，一般在 60～90 Hz 之间，85 Hz 逐行扫描为无闪烁的标准垂直刷新率。

(说明) 垂直刷新率与当时显示的分辨率有关。

① 水平刷新率：又称为行频，它表示显示器从左到右绘制一条水平线所用的时间，以 kHz 为单位。水平刷新率、垂直刷新率及分辨率三者是相关的。水平刷新率=垂直刷新率×分辨率的行数。

② 带宽：视频带宽指每秒钟电子枪扫描过的总像素数，以 MHz 为单位。

③ 扫描方式：水平扫描有逐行扫描和隔行扫描，目前使用逐行扫描方式。

④ 电磁辐射标准：直接关系到使用者的身体健康和其他电器的正常使用。目前有两个标准，即 MPR-II 和 TCO 的标准。

（4）LCD 液晶显示器

LCD 液晶显示器体积小、重量轻、工作电压低、无辐射。

（5）等离子显示器

等离子显示器（PDP）是继 CRT、LCD 后的新一代显示器，体积小、重量轻、无 X 射线辐射，无图像几何畸变，不会受磁场的影响。但耗电量大。

2）打印机

打印设备能将计算机处理的结果以字符、图形等人们能识别的形式记录在纸上，作为硬拷贝长期保存。

（1）打印机分类

打印机分类见表 8-2-1。

表 8-2-1　打印机分类

类型	串行打印	并行打印	击打式	非击打式	点阵式	通用型	专用型
针式打印机	●		●		●	●	
喷墨式打印机		●		●	●	●	
激光式打印机		●		●	●	●	
热敏式打印机		●		●	●		●

（2）点阵式打印技术

点阵式打印技术就是用"点"（像素）构成的阵列，来形成文字和图像。根据打印机的不同，所打印的色点大小不同，针式打印机打出的点最大，喷墨式打印机打出的色点中等，激光式打印机打出的色点最小。单色打印机的色点为黑色，而彩色打印机色点由红、黄、蓝三色组成。

（3）打印机的主要技术指标

① 分辨率：是衡量打印质量的指标，单位是 dpi，即每英寸打印的点数。dpi 值越高，打印输出的效果就越精细。

② 打印速度：是以每分钟打印多少页纸来衡量的，单位是 PPM。

③ 打印纸张的种类。

④ 噪声：打印机打印噪声越小越好。

（4）常用打印机的性能

常用打印机的性能见表 8-2-2。

表 8-2-2　常用打印机的性能

类型	类型	工作特点	优点	缺点
击打式	针式	打印头中的点阵撞针撞击在纸和色带上。目前的针头有 24 针	成本很低，维修方便，可打印蜡纸等多种纸型	噪声高速度慢
非击打式	喷墨式打印机	通过很细的喷嘴以高速墨水束喷射到打印纸上。目前有固体，液体两种	分辨率高、噪声低，可实现彩色输出、大幅面输出	耗材贵
	激光式打印机	感光鼓接受激光束，产生电子，以吸引碳粉，再印到打印纸上	噪声低、打印质量高、速度快	价格高

3）绘图仪

绘图仪是一种输出图形的硬拷贝设备。在绘图软件的支持下可绘制出复杂、精确的图形。是各种计算机辅助设计（CAD）不可缺少的工具。

3. 外存储器

外存储器简称外存，它是计算机的辅助存储器，在计算机中的作用：（1）由于内存 RAM 在断电后内容会自动消失，需要借助外存来保存用户长期使用的软件和数据；（2）内存容量有限，需要大容量外存的支持。外存储器相对于主存而言，与主存相比，具有大容量存储能力，但速度较慢，常用的外存通常是指硬盘、软盘、磁带等。

1）硬盘

（1）组成

由硬盘、硬盘驱动器和硬盘适配器组成。目前使用的硬盘为温式硬盘。因为固定在主机箱，又称为固定盘。硬盘片也是一种磁表面存储器，是在非磁性的铝合金材料或玻璃基片表面上涂上一层薄的磁性材料，通过磁层的磁化来存储信息。

由于硬盘是由一组盘片（单碟）组成，即有多个柱面。

（2）硬磁盘的容量计算

公式：总容量=字节数/扇区磁头数×柱面数×扇区数/道

例如，有一硬盘有 1024 个柱面，5 个磁头，每道有 17 个扇区，则该磁盘的容量为

$512 \times 5 \times 1024 \times 17 = 42.5$ MB

（3）硬盘的技术指标

① 高速缓存：为了提高主机访问硬盘的速度和效率。

② 主轴转速：指硬盘主轴每分钟的旋转圈数。

③ 平均寻道时间：磁头找到数据所在的磁道，这一时间称为平均寻道时间。

④ 外部数据传输率：硬盘通过接口和主机之间的数据传输率。

⑤ 内部数据传输率：磁头到硬盘的高速缓存之间的数据传输率。

⑥ 单碟容量：每张盘片的容量。

⑦ 平均存取时间：在磁盘读取数据时，磁头从起始位置到达目标位置稳定下来，并从目标位置上找到要读或写数据的扇区所需要的全部时间。

⑧ 记录密度：主要由道密度和位密度决定。

2）光盘

（1）组成

由光盘、光盘驱动器和光盘适配器组成，它是一种采用聚集激光束在盘式介质上非接触地记录高密度信息的新型存储装置。

（2）分类

按读/写方式可分为只读型光盘、只写一次性光盘、可擦写光盘、数字视频光盘（DVD）等，见表 8-2-3。

表 8-2-3　常用的光盘

类型	缩写	特点
只读型光盘	CD-ROM、CD、VCD	用户只能读取，而不能写入和修改
一次写入光盘	CD-R、WORM	用户只能写入一次，可以反复读取，但写入后不能修改
可擦写光盘	CD-RW、MO	可反复读取和修改
数字视频光盘	DVD	视 DVD 光盘类型而定

（3）特点

光盘具有记录密度高、存储容量大、速度快、能长久耐用，与硬盘相比容量小、易携带，但存取数据时间慢于硬盘，只有硬盘的几分之一，容量一般超过 650 MB。

（4）主要技术指标

① 平均数据传输率：是指从 CD-ROM 盘片上读取的数据与所需时间的比值。目前，市场上常用 40X、50X、60X 等驱动器，单倍速 CD-ROM 驱动器数据传输率是 150 KB/s。

② 数据缓冲区与突发数据传输率：数据缓冲区是存储区。主要用于存放前面读出的数据。突发数据传输率又称为最大数据传输率，缓冲区容量越大，数据传输率越高。

③ 平均存取时间：是指 CPU 向 CD-ROM 驱动器发出读数据指令到 CD-ROM 驱动器找到盘片上任意点的数据所需的时间，该参数越小越好。

④ 平均无故障工作时间：应大于 20000 h，时间越长越好。

⑤ 速度：分为线速度、恒定线速度、恒定角速度、部分恒定角速度。

⑥ 纠错能力：是光驱很重要的一项指标。

例题解析

【例 8-2-1】（江苏单招考题 2010 年 B）液晶显示器的技术指标不包括_____。

  A．屏幕尺寸   B．扫描方式   C．可视角度   D．坏点数

分析 点距和可视面积、最佳分辨率(真实分辨率)、亮度和对比度、响应时间及刷新频率、可视角度、最大显示色彩数、场频（垂直扫描频率）、行频（水平扫描频率）及视频带宽。

答案 B

【例 8-2-2】（江苏单招考题 2013 年）二维码是目前流行的一种编码，与读取二维码的设备功能上属于同一类外设的是_____。

  A．扫描仪   B．显示器   C．打印机   D．移动硬盘

分析 读取二维码的设备属于输入设备。

答案 A

【例 8-2-3】（ ）（江苏单招考题 2010 年 A）显示器的垂直扫描频率又称为刷新率，刷新率越高图像越稳定，闪烁感越小。

分析 刷新率是指电子束对屏幕上的图像重复扫描的次数。刷新率越高，所显示的图像（画面）稳定性就越好。

答案 对

【例 8-2-4】（江苏单招考题 2008 年）用 FORMAT 命令格式后的磁盘每个扇区可存储_____B 信息。

分析 磁盘的每一面被分为很多条磁道，即表面上的一些同心圆，越接近中心，圆就越小。而每一个磁道又按 512 个字节为单位划分为等分，称为扇区。

答案 512

巩固练习

一、单项选择题

1．下列设备中，不是输出设备的是（ ）。

  A．键盘   B．显示器   C．打印机   D．绘图仪

2．下列输出设备中，（ ）是计算机系统必不可少的输出设备。

  A．显示器   B．打印机   C．绘图仪   D．击打式打印机

3．显示器的分辨率越高，要求（ ）。

  A．显存容量越大   B．显存容量越小

  C．能显示的颜色越多   D．能显示的颜色越少

4．目前台式机使用的显示器多为（ ）。

  A．液晶显示器   B．数码显示器

  C．显像管显示器   D．发光二极管显示器

5．显像管显示器的简称为（ ）。

A．CRT 显示器　　　　　　　　　B．LCD 显示器

C．LDD 显示器　　　　　　　　　D．CRD 显示器

6．CRT 显示器显示的内容是由若干个点组成，其中的每个点被称为（　　　）。

A．分辨率　　　　B．像素　　　　C．色深　　　　　　　D．电子枪

7．显示器垂直扫描的频率单位为 Hz，水平扫描频率的单位是（　　　）。

A．Hz　　　　　　B．ns　　　　　C．KH　　　　　　　D．MH

8．显存容量固定，显示器的分辨率和色深（　　　）。

A．成正比关系　　B．成反比关系　C．和为一个固定值　D．差为一个固定值

9．下列可作为一台 17 英寸显示器的水平扫描频率为（　　　）。

A．25 kHz　　　　B．75 kHz　　　C．25 MH　　　　　D．75 Hz

10．下列打印机中，是击打式打印机的为（　　　）。

A．喷墨打印机　　　　　　　　　B．针式打印机

C．激光打印机　　　　　　　　　D．热敏电阻式打印机

11．下列打印机中，最适合打印多层纸（　　　）。

A．喷墨打印机　　　　　　　　　B．针式打印机

C．激光打印机　　　　　　　　　D．热敏电阻式打印机

12．下列打印机中，打印速度最快的是（　　　）。

A．喷墨打印机　　　　　　　　　B．针式打印机

C．激光打印机　　　　　　　　　D．击打式打印机

13．下列打印机中，打印效果最好的是（　　　）。

A．喷墨打印机　　　　　　　　　B．针式打印机

C．激光打印机　　　　　　　　　D．击打式打印机

14．下面关于 CRT 显示器与 LCD 显示器的比较中，正确的是（　　　）。

A．台式 PC 的显卡不能与 LCD 显示器相连

B．CRT 显示器的功耗大于 LCD 显示器

C．CRT 显示器的电磁辐射要低于 LCD 显示器

D．CRT 显示器的体积与重量要小于 LCD 显示器

15．显示器所显示的各种色彩是通过（　　　）三基色组合得到的。

A．红、绿、黑　　B．红、绿、蓝　　C．绿、红、黄　　D．黑、黄、红

16．下列哪个设备不属于同一类设备（　　　）。

A．显示器　　　　B．条形码识别器　C．投影仪　　　D．绘图仪

17．（　　　）用于将计算机信息处理的结果转换成外界能够接受和识别信息形式的设备。

A．输出设备　　　B．输入设备　　　C．数据通信设备　D．打印机

18．打印照片效果的图像时不应选用（　　　）。

A．喷墨打印机　　B．激光打印机　　C．针式打印机　D．热敏打印机

19．下列打印机中，打印质量最好的是（　　　）。

A．针式打印机　　B．热敏打印机　　C．喷墨打印机　D．激光打印机

20．如 CRT 显示器的分辨率为 1024×1024，颜色位数为 16 位，则显示存储器的容量至少为（　　　）。

A．1 MB　　　　　B．2 MB　　　　C．4 MB　　　　D．16 MB

21. 下列打印机中可以用于打印投影胶片的是（   ）。

    A．针式打印机   B．喷墨打印机   C．热敏打印机   D．激光打印机

22. 下面说法正确的是（   ）。

    A．台式 PC 的显卡不能与 LCD 相连

    B．CRT 显示器功耗大于 LCD 显示器

    C．CRT 显示器的电磁辐射低于 LCD 显示器

    D．CRT 显示器的体积与重量均小于 LCD 显示器

23. 下面有关打印机的叙述，正确的是（   ）。

    A．激光打印机可以打印连续纸

    B．喷墨打印机可以打印蜡纸

    C．打印机分辨率可以用 DPI 来表示

    D．色带是喷墨打印机的主要耗材

24. 在计算机中，使用的打印机通常是连接在（   ）。

    A．并行接口   B．串行接口   C．显示器接口   D．键盘接口

25. 绘图仪是计算机的一种（   ）。

    A．输出设备   B．输入设备   C．存储设备   D．运算设备

26. 针式打印机的术语 24 针是指（   ）。

    A．24×24 点阵   B．信号线插头有 24 针

    C．打印头内有 24×24 根针   D．打印头内有 24 根针

27. 下列打印机中，能打印多联票据的是（   ）。

    A．针式打印机   B．喷墨打印机   C．激光打印机   D．热敏打印机

28. 根据打印机的工作原理和印字技术，打印机可以分为（   ）。

    A．击打式打印机和非击打式打印机   B．针式打印机和喷墨打印机

    C．静电打印机和喷墨打印机   D．点针式打印机和行式打印机

29. 在打印机上"PPM"代表的含义是（   ）。

    A．每秒打印的字数   B．每秒打印的行数

    C．每分钟打印的字数   D．每分钟打印的页数

30. 下列不是显示标准的是（   ）。

    A．CGA   B．VGA   C．AGP   D．EGA

31. 下列不是显示器性能指标的是（   ）。

    A．点距   B．颜色数   C．分辨率   D．扫描频率

32. 表示打印机打印速度快慢的单位是（   ）。

    A．DPI   B．PPM   C．RPM   D．MBPS

33. 最基本的输入/输出设备是（   ）。

    A．鼠标、显示器   B．键盘、显示器

    C．鼠标、打印机   D．键盘、打印机

34. 在下列设备中，属于输出设备的是（   ）。

    A．硬件   B．键盘   C．鼠标   D．打印机

35. 计算机中不可缺少的输入/输出设备是（   ）。

A．键盘和显示器　　　　　　　　　　B．键盘和鼠标器

C．显示器和打印机　　　　　　　　　D．鼠标器和打印机

36．衡量打印机性能的主要技术指标不包括（　　）。

A．分辨率　　　　B．打印速度　　　　C．字体　　　　D．噪声

37．在显示器上输出的任何信息在显示屏幕上均是用（　　）来构成的。

A．像素　　　　　B．点距　　　　　　C．点阵　　　　D．度

38．下列说法错误的是（　　）。

A．打印机的分辨率用每英寸的点数表示

B．针式打印机的特点是耗材成本低，噪声小，速度快

C．非击式打印机噪声低，成本高

D．喷墨打印机可以打印彩色图案，针式打印机可以打印蜡纸

39．在微型机中，VGA 代表（　　）。

A．计算机型号　　　B．显示标准　　　C．显示器型号　　D．键盘型号

40．在打印机上"PPM"代表（　　）的含义。

A．每秒打印的字数　　　　　　　　　B．每秒打印的行数量

C．每分钟打印的字数　　　　　　　　D．每分钟打印的行数

41．常用的显示器的分辨率为 640*680 表示（　　）。

A．屏幕可显示的区域大小为 640 mm 长，480 mm 宽

B．屏幕可显示的区域大小为 640 mm 宽，480 mm 长

C．屏幕区域每一列上有 640 个光点每一行有 480 个光点

D．屏幕的可显示区域为每一行上有 640 个像素点每一列有 480 个像素点

42．一台显示 256 种颜色的彩色显示器，其每个像素对应的显示存储单元的长度（位数）为（　　）。

A．16 位　　　　B．8 位　　　　　　C．256 位　　　　D．9 位

43．激光打印机是按（　　）输出的。

A．字符　　　　　B．行　　　　　　　C．页　　　　　D．点阵

44．下列存储器中，断电后内容仍存在，且可用于长久保存信息的是（　　）。

A．SRAM　　　　B．DRAM　　　　　C．CACHE　　　　D．外存储器

45．外存储器与内存储器相比，（　　）。

A．容量大且存取速度快　　　　　　　B．容量小且存取速度快

C．容量大且存取速度慢　　　　　　　D．容量小且存取速度慢

46．软盘的磁道是（　　）。

A．一组由内向外的同心圆，最内是 0 磁道

B．一组由外向内的同心圆，最外是 0 磁道

C．一条由内向外的螺旋线，最外是 0 磁道

D．一条由内向外的螺旋线，最内是 0 磁道

47．3.5 英寸软盘的一个磁道又划分为若干段，每段称为一个扇区，每个扇区可存储（　　）。

A．128 字节　　　　　　　　　　　　B．8 字节

C．512 字节　　　　　　　　　　　　D．由计算机的字长而定

48. 3.5 英寸软盘，当写保护口打开透光时，（　　）。
   A. 只能读，不能写　　　　　　　　B. 只能写，不能读
   C. 不能读也不能写　　　　　　　　D. 既能读又能写

49. 下列不是软盘技术指标的是（　　）。
   A. 数据传输速度　　　　　　　　　B. 寻道安顿时间
   C. 错误率　　　　　　　　　　　　D. 容量

50. 硬盘与软盘相比，特点为（　　）。
   A. 容量大且存取速度快　　　　　　B. 容量小且存取速度快
   C. 容量大且存取速度慢　　　　　　D. 容量小且存取速度慢

51. 40X 的光盘驱动器，其平均数据传输率为（　　）。
   A. 6000 bps　　　B. 6000 Mbps　　　C. 6000 Kbps　　　D. 6000 位/s

52. 可以反复擦写的光盘为（　　）。
   A. CD-ROM　　　B. CD-R　　　C. DVD　　　D. CD-RW

53. 下列支持即插即用和热插拔操作的是（　　）。
   A. PCI　　　B. IEEE 1394　　　C. PS/2　　　D. IDE

54. 下列软盘使用方法不正确的是（　　）。
   A. 梅雨季节过后，应将软盘置于阳光下，以使除去湿气
   B. 通过写保护措施，可以防止软盘上的数据被病毒感染
   C. 软盘的 0 面 0 磁道损坏后，通常该软盘就无法使用了
   D. 清洗软驱的磁头应采用专用的清洗盘

55. 下列有关外围设备的叙述中，正确的是（　　）。
   A. 计算机硬件系统中除 CPU 以外的设备
   B. 包括输入设备、输出设备和外存储器
   C. 计算机主机箱以外的设备
   D. 硬盘因为装在主机箱内，所以硬盘不属于外围设备

56. 下列存储器中可实现永久性存储的是（　　）。
   A. DRAM　　　B. 外存储器　　　C. SRAM　　　D. Cache

57. 将计算机的主机与外设相连的是（　　）。
   A. 总线　　　B. 磁盘驱动器　　　C. 内存　　　D. I/O 接口电路

58. 下列不属于磁盘存储器技术指标的是（　　）。
   A. 数据传输率　　　B. 存储容量　　　C. 存储密度　　　D. 存取时间

59. 对写保护的软磁盘，可进行的操作是（　　）。
   A. 既可读也可写　　　　　　　　　B. 只读不写
   C. 不可读不可写　　　　　　　　　D. 只写不读

60. 在下列设备中，既可以作为输入设备，又可以作为输出设备的是（　　）。
   A. 软盘驱动器　　　B. 键盘　　　C. 鼠标　　　D. 显示器

61. 下列参数中，不是硬盘性能的参数是（　　）。
   A. 容量　　　B. 转速　　　C. 分辨率　　　D. 缓存

62. 高速缓冲存储器简称为（　　）。

    A．ROM   B．Cache   C．RAM   D．CAD

63．目前，市场上流行的数码相机接口是（   ）。

    A．USB 接口   B．PS/2 接口   C．COM 接口   D．LPT 接口

64．USB 2.0 标准接口的数据传输是（   ）。

    A．8 MB/s   B．400 MB/s   C．480 MB/s   D．1GMB/s

65．主板上的 USB 接口是（   ）芯的。

    A．3   B．4   C．6   D．9

66．下列说法中正确的是（   ）。

    A．外存可以与 CPU 直接交换数据

    B．衡量主存储器性能的主要技术指标是字长

    C．外存储器可与内存储器直接交换数据

    D．内存储不能直接与 CPU 交换数据

67．硬盘与 CD-ROM 光盘相比，有（   ）特点。

    A．容量大且存取速度快   B．容量小且存取速度快

    C．容量大且存取速度慢   D．容量小且存取速度慢

68．某硬盘共有 1024 个柱面，64 个扇区，256 个磁头，则其容量约为（   ）。

    A．2.1 GB   B．4.3 GB   C．8 GB   D．40 GB

69．双面高密度软盘的容量是 1.44 MB，每面 80 个磁道，每磁道（   ）个扇区。

    A．14   B．15   C．18   D．20

70．对于高速光驱一般采用的数据读取方式为（   ）。

    A．CLV   B．CAV   C．PCAV   D．什么都不是

71．微型计算机中使用的打印机通常是连接在（   ）。

    A．并行接口   B．串行接口   C．显示器接口   D．键盘接口

72．8 位声卡比 16 位声卡（   ）。

    A．播放速度慢   B．声音质量好

    C．多占内存空间   D．声音失真重

73．在微型计算机系统中，外围设备通过（   ）与主板的系统总线相连接。

    A．适配器   B．设备控制器   C．计算器   D．寄存器

74．能够用于暂时或永久保存计算机信息的设备称为（   ）。

    A．输出设备   B．磁盘   C．存储设备   D．输入设备

75．下列参数中，（   ）不是硬盘性能的参数。

    A．容量   B．转速   C．分辨率   D．缓存

76．下列有关声卡功能的描述不正确的是（   ）。

    A．进行数模转换   B．将数字信号变成音频信号

    C．将音频信号变成数字频信号   D．不对信号作任何处理

77．40 倍速的光盘其信息的读取速度为（   ）。

    A．6000 Kbps   B．4000 Kbps   C．6000 Kbps   D．4000 Kbps

78．将计算机的主机与外设相连的是（   ）。

    A．总线   B．磁盘驱动器   C．内存   D．I/O 接口电路

79. 下列用于计算机间进行信息传送的设备不包括（　　）。

    A．调制解调器   B．网卡   C．路由器   D．传感器

80. 下列有关外围设备的说法不正确的是（　　）。

    A．在计算机和其他外围之间、计算机和用户之间交换信息

    B．外围设备的工作速度比主机快得多

    C．有的外围设备具有输入/输出的复合功能

    D．过程控制设备主要用于计算机的过程控制

81. 软磁盘中存储的信息在断电后（　　）。

    A．不会丢失   B．完全丢失   C．少量丢失   D．大部分丢失

82. 3．5 英寸高密软盘的容量是（　　）。

    A．360 KB   B．1.2 MB   C．720 KB   D．1.44 MB

83. 软盘在使用前，必须进行格式化，其目的不包括（　　）。

    A．按标准格式划分为扇区   B．定义每个扇区内的字节

    C．按格式填写地址信息   D．定义其容纳的字节数

84. 对磁盘进行读/写时，先从（　　）开始。

    A．0 磁道   B．最后一个磁道   C．0 磁道   D．最后一个扇区

85. 对软磁盘进行格式化后，0 磁道位于同心圆的（　　）。

    A．最外侧   B．最内侧   C．任何位置   D．可自定义

86. 下列不表示磁盘存储器技术指标的是（　　）。

    A．数据传输率   B．存储容量   C．存储密度   D．存储时间

87. 下列存储器中，采用顺序存取方式的是（　　）。

    A．磁带存储器   B．软磁盘存储器

    C．半导体存储器   D．光盘存储器

88. 调制解调器不具备（　　）功能。

    A．数据通信   B．传真   C．语言   D．数值计算

二、判断题

1. （　　）计算机系统必不可少的输出设备是打印机。

2. （　　）显示器的分辨率越高，显示的图像越清晰。

3. （　　）分辨率为 1024*768 的含义为显示器的一行显示 768 像素，另一列显示 1024 个像素。

4. （　　）计算机设备中三基色是指赤、橙、红三种颜色。

5. （　　）显示器的水平扫描周期是指电子束在一行中从左向右运动所用的时间。

6. （　　）显存的容量一定大于或等于分辨率乘以色深的积。

7. （　　）点距是指显示器荧光屏上相邻两个同色磷光点之间的距离。

8. （　　）显示器的点距越小，所能达到的最大分辨率越大。

9. （　　）显示器的分辨率是由显示器本身决定的。

10. （　　）针式打印机属于非击打式打印机。

11. （　　）打印机的技术指标中 DPI 的含义是每英寸扫描多少个点。

12. （　　）针式打印机的耗材主要是色带，喷墨打印机的耗材主要是墨水和墨盒，激光

打印机的耗材主要是碳粉和硒鼓。

13.（　　）激光打印机的噪声较高，而针式打印机和喷墨打印机的噪声较低。

14.（　　）针式打印机对纸张的要求较低且可连续打印，喷墨打印机和激光打印机对纸张的要求较高。

15.（　　）打印机的技术指标主要有打印速度、打印幅面宽度、打印质量、噪声等。

16.（　　）购买体育彩票时，我们看到的打印体育彩票的打印机是激光打印机。

17.（　　）触摸屏是一种输出设备，也是一种输入设备。

18.（　　）LCD 显示器在显示信息时，不会出现闪烁现象。

19.（　　）鼠标是计算机常用的输入设备，所以不需要驱动程序。

20.（　　）针式打印机具有噪声大、打印速度慢、纸张要求高等特点。

21.（　　）打印机的打印速度是固定不变的。

22.（　　）分辨率不仅与显示器有关，还与显示卡有关。

23.（　　）图形数字仪是一种输出设备。

24.（　　）显示器带有 EPA 即"能源之星"标志的才具有绿色功能。

25.（　　）喷墨打印机的打印分辨率较高，一般用 PPM 为单位来衡量。

26.（　　）投影机可作为计算机的输入设备。

27.（　　）点阵式打印机能打印的汉字字体比激光打印机多。

28.（　　）分辨率是显示器也是鼠标的性能指标，所以二者含义相同。

29.（　　）在计算机中，3.5 英寸软盘的写保护窗口开着时（透光）只能读不能写。

30.（　　）显示器的分辨率越高图像越清晰，图像也越大。

31.（　　）与 CRT 显示器相比，LCD 显示器体积更大，显示亮度更高。

32.（　　）在现在的计算机中，键盘鼠标的输入一般用 DMA 方式。

33.（　　）三种最常用的打印机中，性能价格比最高的是喷墨打印机。

34.（　　）三种最常用的打印机中，银行、税务部门使用最广泛的是激光打印机。

35.（　　）三种最常用的打印机中，打印速度最快、质量最好的是激光打印机。

36.（　　）输出设备是将计算机内部的信息直接呈现出来，故不易识别。

37.（　　）激光打印机的打印速度一般可达到 30~60CPS。

38.（　　）喷墨打印机的打印分辨率较高，一般用 CPS 为单位来衡量。

39.（　　）显示器的分辨率越高图像越清晰，图像也就越大。

40.（　　）通常所说的显示器的"真彩"是指可以表现出大自然的每一种色彩。

41.（　　）计算机的存储器根据是否能直接与 CPU 交换信息分为只读存储器和随机存储器。

42.（　　）计算机系统中常用的外存主要有软盘、主存和光盘。

43.（　　）目前，常用的软盘是 3.5 寸软盘，它的容量是 1.44 MB。

44.（　　）一个扇区是一个同心圆，一个磁道是一段圆弧。

45.（　　）磁盘的存储容量计算公式为容量=磁盘面数*每面磁道数*每道扇区数*每扇区字节数。

46.（　　）ZIP100 与 LS120 都是大容量软盘，前者不兼容 1.44 MB 软盘。

47.（　　）道密度是指盘片同心圆半径区域，每英寸所含的磁道数，单位是 TPI。

48.（　　）硬盘与硬盘驱动器是集成在一起的。

49.（　　）光盘是利用激光束在盘片上记录高密度信息的外存储器，其容量可达 650 MB。

50.（　　）CD-ROM 是只读型光盘，它上面的内容只能读，不能写。

51.（　　）与 CD-ROM 相比，DVD 的容量更大，速度更快。

52.（　　）将数字信号转换为模拟信号被称为解调。

53.（　　）存储器的存取周期略大于存取时间。

54.（　　）硬盘和内存之间不能直接传输数据。

55.（　　）在计算机断电的状态下，不可在 USB 接口上插拔 USB 设备。

56.（　　）CD-ROM 光驱可用于读/写任何光盘上的信息。

57.（　　）在计算机通电的状态下，不可在 USB 接口上插拔 USB 设备。

58.（　　）DVD 光盘的容量比 CD-ROM 光盘大，但速度比 CD-ROM 光盘慢。

59.（　　）用于数码设备的 SD、CF 和 MemoryStick 等插卡，可作为移动存储器存放计算机文件。

60.（　　）CPU 读取软磁盘 0 磁道和 30 磁道所需要的时间是一样的。

61.（　　）CD-R 写入信息后可以反复读出，也可修改。

62.（　　）一张 0 磁道损坏的软盘，经格式化后仍可以使用且容量不变。

63.（　　）将计算机处理的二进制数据转化为连续变化的模拟数据是 A/D 转换。

64.（　　）软盘是存储器的一部分，软驱是一个输入/输出设备。

65.（　　）在计算机通电状态下，不能插拔计算机中的任何设备。

66.（　　）系统吞吐量主要取决于主存的存取周期。

67.（　　）外存储器用于扩大计算机的存储容量。

68.（　　）纠错能力强的光驱可以读质量比较差的光盘。

69.（　　）外围设备就是除 CPU 以外的计算机硬件系统的其他部件。

70.（　　）软盘的容量是 1.44 MB，则该软盘可存放约 1440000 个汉字。

71.（　　）位密度是指盘片同心圆半径方向，每英寸所含的二进制位数，单位是 TPI。

72.（　　）硬盘工作时，磁头与盘片是接触的。

73.（　　）磁盘上的磁道是记录密度不同的同心圆。

74.（　　）将计算机处理后二进制数字量转化为连续变化的模拟量的是 A/D 转换器。

75.（　　）外存储器的任务一般不包括信息的转换功能。

76.（　　）硬盘的磁道与软盘的磁道不同，硬盘的磁道是一个由内向外渐渐展开的螺旋线。

77.（　　）对硬盘进行读/写的磁头数不止一个。

78.（　　）光盘的存取数据时间比硬盘的存取数据时间快。

79.（　　）软盘上存储信息的存储容量是按字节计算的。

三、填空题

1. Modem 是通过电话线与其他计算机连接的设备，具有信号转换的任务，其中将数字信号转换为模拟信号称为_____。

2. 计算机系统最基本的输出设备是_____。

3. 计算机系统常用的显示器有_____、_____和数码显示器。

4. 液晶显示器的简称为_____，CRT 显示器的全称为_____。

5. 显示器的视频显示系统由_____和_____组成。

6. 三基色是指红色、_____和_____（即 R、G、B 三种颜色）。

7. 显示器的技术指标主要有尺寸、_____、分辨率、垂直扫描频率、扫描方式、带宽、电磁辐射标准等。

8. 显示器的扫描方式有_____和_____两种。

9. 计算机系统中的打印机根据工作原理可分为击打式打印机和_____打印机。其中，针式打印机属于_____打印机，喷墨打印机和_____属于另一类。

10. 打印机参数 DPI 的含义是_____。

11. 在针式、喷墨、激光打印机中，除纸张外，最经济的耗材是_____打印机的耗材。

12. 计算机的 CRT 显示用于接收来自_____的视频信号。

13. 计算机显示器的显示方式有_____和图形显示方式两种。

14. 激光打印机的分辨率单位是_____（英文）。

15. 微型计算机的标准输入设备是键盘，标准输出设备是_____。

16. 液晶显示器的英文简称为_____。

17. 显示器的调节方式有模拟调节和_____调节两种，17 吋以上的显示器多采用后者。

18. 国际 VESA 协会新提出的逐行扫描无闪烁的标准是垂直扫描频率为_____Hz。

19. 目前大多数 CRT 显示器都采用 15 针_____型接口。

20. 在针式、喷墨、激光打印机中，能打印连续纸、复写纸和多层纸的是_____。

21. 微型计算机的显示系统由_____和显示构成。

22. 在针式、喷墨和激光打印机中，打印质量最好的是_____。

23. 按照显示器件分类，显示器有多种，目前，笔记本电脑主要使用其中的_____（英文）显示器。

24. 硒鼓是_____打印机所用的耗材。

25. 三种常见打印机中，_____的噪声最大。

26. 最基本的输出设备是_____。

27. 打印机分辨率的单位 DPI，其含义是_____，该单位也适用于鼠标的分辨率。

28. 按所显示的方式的不同分类，显示器可以分为_____、_____两大类。

29. 计算机系统中常用的打印机种类有_____、_____、_____三类，其中第一类属于击打式打印机。

30. 计算机系统的存储器可分为内存储器和_____，其中，可用于永久保存信息的是_____。

31. 计算机系统中常用的外存有软盘、_____和_____。

32. 3.5 寸双面软盘，每面有 80 个磁道，每道有 18 个扇区，则容量约为_____。

33. 软盘驱动器由_____和_____两部分组成。

34. 磁盘驱动器的技术指标主要有道—道查询时间、_____、_____、寻道安顿时间和错误比率。

35. 硬磁盘驱动器主要由_____、头盘组件和_____组成。

36. 光盘可分为_____、_____和可擦写光盘三种。

37．光盘的主要性能指标有平均数据传输率、_____、_____、平均无故障工作时间、速度和_____。

38．MODEM 的中文名称为_____，它的主要功能是实现_____信号和_____信号的相互转换。

39．在软件系统中，与硬件直接接触的是_____。

40．存储器按作用分成主存储器和辅助存储器，用于存放当前正在运行的程序和数据的是_____。

41．单倍速 CD-ROM 的数据传输率为_____KB/s。

42．一个硬盘有 10 个柱面，每面有 128 个磁道，每个磁道划分为 256 个扇区，每个扇区 512 字节，则该硬盘的存储容量为_____。

43．16 倍速 DVD 光驱的数据传输率为_____KB/s。

44．TPI 是指沿半径方向每英寸的_____数。

45．对磁盘进行读/写时先从_____开始。

46．在 DVD-ROM、DVD-R、DVD-RW 和 DVD+RW 光盘中，仅可刻录一次的是_____。

47．对于磁盘存储器，每个扇区存储_____字节的信息。

48．按所显示的方式不同分类，显示器可分为_____、_____两大类。

49．当 3.5 英寸软盘的滑动块将写保护口打开时软盘_____，这样可在一定程序对软盘起到病毒防护作用。

50．一个双面高密软盘，每面 80 个磁道，该软盘的容量是 1.44 MB，则每个磁道有_____个扇区。

51．有一个硬盘共有 9 块盘片，其中，16 个盘片记录数据，每面有 25 个磁道，每道 16 个扇区，每个扇区存储 512B，则该硬盘的存储容量约为_____。

52．从读/写方式光盘可分为_____、_____、_____和 DVD 光盘。

53．MODEM 是通过电话线与其他计算机连接的设备，具有信号转换的任务，其中，将数字转换为模拟信号称为_____。

54．主板上的 UltraDMA66 接口有_____根线。

55．台式电脑上的六针_____接口可分别用于连接键盘和鼠标。

56．在主板的 PS/2 接口中，连接鼠标的接口是_____色的，连接键盘的是_____色的。

57．USB 接口是一种新型的串行接口，它是_____针矩形接口，具有即插即用和热插拔功能。

58．3.5 寸双面高密度软盘，每面有 80 个磁道，最内是第_____磁道，每个磁道有 18 个扇区，每个扇区存储_____个字节，该盘可存储 32*32 点阵的汉字字型码为_____个。

59．计算机的外设按用途分可分为_____、_____、_____、外存储设备和通信设备。

60．外存储器是指_____之外的存储器，常见的有_____、_____、_____等。

61．音箱按有无功放分为_____音箱和 _____音箱。

62．语音输入设备是新一代多媒体计算机的重要组成部件，通过_____将人的声音转换为计算机所识别的信息送入计算机中。

63．对于磁盘存储器，每个扇区存储_____字节的信息。

64．当3.5英寸软盘的滑动块将写保护口打开时软盘_____，这样可在一定程度对软盘起到病毒防护的作用。

65．一个双面高密软盘，每面80个磁道，该软盘的容量是1.44 MB，则每个磁道有_____个扇区。

66．有一个硬磁盘共有9块盘片，其中，16个盘面记录数据，每面有25个磁道，每道16扇区，每个扇区存储512 B，则该硬盘的存储容量约为_____。

读者意见反馈表

书名：课课通计算机原理（计算机类）　　　主编：江新顺　　　策划编辑：张 凌 陶 亮

> 谢谢您关注本书！烦请填写该表。您的意见对我们出版优秀教材、服务教学，十分重要。如果您认为本书有助于您的教学工作，请您认真地填写表格并寄回。我们将定期给您发送我社相关教材的出版资讯或目录，或者寄送相关样书。

个人资料

姓名＿＿＿＿＿年龄＿＿＿＿联系电话＿＿＿＿＿＿＿＿（办）＿＿＿＿＿＿＿（宅）＿＿＿＿＿＿＿（手机）

学校＿＿＿＿＿＿＿＿＿＿＿＿＿＿＿＿＿＿＿＿专业＿＿＿＿＿＿＿职称/职务＿＿＿＿＿＿＿＿＿

通信地址＿＿＿＿＿＿＿＿＿＿＿＿＿＿＿＿邮编＿＿＿＿＿＿＿E-mail＿＿＿＿＿＿＿＿＿＿

本书在内容上需要更正的疏漏、错误：

请您详细填写：＿＿＿＿＿＿＿＿＿＿＿＿＿＿＿＿＿＿＿＿＿＿＿＿＿＿＿＿＿＿＿＿＿＿＿＿

＿＿＿

＿＿＿

巩固练习、试卷参考答案是否存在不匹配、错误的答案：

请您详细填写：＿＿＿＿＿＿＿＿＿＿＿＿＿＿＿＿＿＿＿＿＿＿＿＿＿＿＿＿＿＿＿＿＿＿＿＿

＿＿＿

＿＿＿

还存在哪些没有覆盖到的知识点、考点：

请您补充：＿＿＿＿＿＿＿＿＿＿＿＿＿＿＿＿＿＿＿＿＿＿＿＿＿＿＿＿＿＿＿＿＿＿＿＿＿＿

＿＿＿

＿＿＿

您希望本书内容在哪些方面得到改进？

□知识要点　　□例题解析　　□巩固练习　　□试卷数量　　□配套资源

请您详细填写：＿＿＿＿＿＿＿＿＿＿＿＿＿＿＿＿＿＿＿＿＿＿＿＿＿＿＿＿＿＿＿＿＿＿＿＿

＿＿＿

＿＿＿

感谢您的配合，您的意见是我们进步的阶梯！可将本表或者您的建议、意见，按以下方式反馈给我们：

【方式一】 电子邮件：zling@phei.com.cn（张凌）　或者 taoliang@phei.com.cn（陶亮）

【方式二】 邮局邮寄：北京市万寿路 173 信箱华信大厦 1302 室 中等职业教育分社（邮编：100036）

张凌 收　电话：010-88254583

如果您需要了解更详细的信息或有著作计划，请与我们联系。

"课课通" 普通高校对口升学系列学习指导丛书

课课通

计算机原理（计算机类）

测 试 卷

主 编 江新顺

副主编 徐 育

电子工业出版社

Publishing House of Electronics Industry

北京·BEIJING

目　　录

综合高中计算机应用专业《计算机原理》
阶段测试卷（一）

（满分：100 分 考试时间：45 分钟）

班级＿＿＿＿＿＿＿＿＿ 姓名＿＿＿＿＿＿＿＿＿ 得分＿＿＿＿＿＿＿＿

结 分 栏

题 号	一	二	三	四	合分人
得 分					

考核范围：计算机中数据的表示方法、计算机系统的组成

得分	评卷人

一、选择题（本大题共 18 小题，每小题 2 分，共 36 分。每小题只有一个正确答案，请把答案序号对应填入答题栏。）

题 号	1	2	3	4	5	6	7	8	9	10	11	12	13	14	15	16	17	18
答 案																		

1. 下列说法正确的是（　　　）。
   A. 计算机系统由运算器、控制器、存储器、输入设备、输出设备组成
   B. 32 位微机的字长是 4 字节
   C. 字是计算机一次处理的二进制数的长度，其长度是固定的
   D. 32MB=32000000B

2. 计算机存储器容量的基本单位是（　　　）。
   A. 位　　　　　　　　　　　　　B. 字节
   C. 字　　　　　　　　　　　　　D. 扇区

3. 十六进制数 1000 转换成十进制数是（　　　）。
   A. 1024　　　　　　　　　　　　B. 2048
   C. 4096　　　　　　　　　　　　D. 8192

4. 二进制运算 1110*1101 的结果是（　　　）。
   A. 11011011　　　　　　　　　　B. 10110110
   C. 01111110　　　　　　　　　　D. 10101100

5. 逻辑表达式 1010V1011 运算的结果等于（　　　）。
   A. 1010　　　　　　　　　　　　B. 1011
   C. 1100　　　　　　　　　　　　D. 1110

6. 两个二进制数 00101011^10011010 的结果是（　　　）。

A．10110001   B．10111011

C．00001010   D．11111111

7．计算机操作系统的主要功能是（　　）。

    A．对计算机的所有资源进行控制和管理，为用户使用计算机提供方便

    B．对源程序翻译

    C．对用户数据文件进行管理

    D．对汇编语言程序进行翻译

8．在计算机系统中，通常所说的系统资源是指（　　）。

    A．硬件   B．软件

    C．数据   D．以上都是

9．下列表示法是错误的是（　　）。

    A．$(100.101)_2$ B．$(532.6)_5$

    C．$(131.6)_{10}$ D．$(267.6)_8$

10．用一个字节表示一个非负数整数，则可以表示的数的范围，最小的一个是 0，最大的一个是（　　）。

    A．255   B．256

    C．65535   D．65536

11．无符号二进制数后加上两个 0，形成的数是原来的（　　）倍。

    A．2   B．4

    C．10   D．100

12．二进制数 1011.101 对应的十进制数是（　　）。

    A．9.3   B．11.5

    C．11.625   D．11.10

13．下列数中，最小的一个数是（　　）。

    A．11011001B   B．75D

    C．37Q   D．2AH

14．计算机的主存是指（　　）。

    A．RAM 和 C 盘   B．ROM

    C．ROM 和 RAM   D．RAM 和控制器

15．若已知$[X]_补$=11101011，$[Y]_补$=01001010，$[X-Y]_补$=（　　）。

    A．10100001   B．11011111

    C．10100000   D．溢出

16．能被计算机直接识别、执行的语言是（　　）。

    A．机器语言   B．高级语言

    C．C 语言   D．汇编语言

17．汉字在计算机内部与其汉字系统进行交换是通过汉字（　　）

    A．内码   B．汉字形码

    C．国标码   D．输入码

18．计算机中应用最普遍的字符编码是（　　）。

    A．BCD 码   B．补码

    C．国标码   D．ASCII 码

得分	评卷人

二、判断题（本大题共 10 小题，每小题 2 分，共 20 分。表述正确的在答题栏中对应填"A"，错误的填"B"。）

题　号	1	2	3	4	5	6	7	8	9	10
答　案										

1.（　　）计算机硬件系统主要包括主机、键盘、显示器、鼠标器和打印机五大类。

2.（　　）按字符的 ASCII 码值比较，"A"比"g"大。

3.（　　）开机时，计算机最初执行的程序位于 ROM 中。

4.（　　）存储器 DRAM 断电后信息不会丢失。

5.（　　）所有的十进制小数都能精确地转换成二进制小数。

6.（　　）1000 个 24*24 点阵的汉字，需要占 31.25 KB 的存储容量。

7.（　　）一个数原码的补码的补码，与原码相同。

8.（　　）计算机软件分为通用软件和专用软件。

9.（　　）十进制数-113 的 8 位二进制补码是 8FH。

10.（　　　）十进制转换为二进制数的规定为除以 2 逆向取余。

得分	评卷人

三、填空题（本大题共 14 小题，16 空，每空 2 分，共计 32 分。请将答案填在题中的横线上。）

1. 计算机中 CPU 又称为中央处理器，它是由＿＿＿＿＿＿、＿＿＿＿＿＿组成的。

2. ＿＿＿＿＿＿与内存常组装在一个机箱中，又称为主机。

3. 十进制小数化为二进制小数的方法是＿＿＿＿＿＿＿＿。

4. 二进制的加法和减法运算是按＿＿＿＿＿＿＿＿＿进行的。

5. 如果数字字符"1"的 ASCII 码的十进制表示为 49，那么数字字符＿＿＿＿的 ASCII 码的十进制表示为 57。

6. 计算机当前正在执行的程序和数据存放在＿＿＿＿＿＿中，又称为易失性存储器。

7. DA70315BH 除以 16 的余数是＿＿＿＿＿＿＿＿H。

8. 比 2 的 7 次方小 1 的十六进制数是＿＿＿＿＿＿H。

9. 某数的原码为 F9H，则其补码是＿＿＿＿H。

10. 1000Q 转换成二进制数是＿＿＿＿＿＿＿＿。

11. 8 位二进制补码 00010001 的十进制数是＿＿＿＿＿＿，而 8 位二进制补码 10010001 的十进制数是＿＿＿＿＿＿。

12. 码值 80H：若表示真值 0，则为＿＿＿＿＿＿；若表示-128，则为＿＿＿＿＿＿。

13. 十进制数-115 用二进制数 10001101 表示，其表示方式是＿＿＿＿＿＿。

四、简答题（本大题共 2 小题，共计 12 分。）

1. 请描述计算机系统的组成。（6分）

2. 二进制数与十进制数如何互相换算？（6分）

综合高中计算机应用专业《计算机原理》
阶段测试卷（二）

（满分：100分　考试时间：45分钟）

班级＿＿＿＿＿＿＿＿＿＿＿　姓名＿＿＿＿＿＿＿＿＿＿＿＿＿　得分＿＿＿＿＿＿＿＿

结 分 栏

题　号	一	二	三	四	合分人
得　分					

考核范围：中央处理器、指令系统

得分	评卷人

一、选择题（本大题共 18 小题，每小题 2 分，共 36 分。每小题只有一个正确答案，请把答案序号对应填入答题栏。）

题　号	1	2	3	4	5	6	7	8	9	10	11	12	13	14	15	16	17	18
答　案																		

1. 第二代电子计算机使用的元件是（　　　）。
   - A．电子管
   - B．晶体管
   - C．集成电路
   - D．大规模集成电路

2. 运算器的主要功能是进行（　　　）。
   - A．算术运算
   - B．逻辑运算
   - C．累加器运算
   - D．算术运算逻辑运算

3. 计算机中的 ALU 部件属于（　　　）。
   - A．寄存器
   - B．控制器
   - C．运算器
   - D．译码器

4. 下列哪一个是计算机硬件的核心部件（　　　）。
   - A．CPU
   - B．ROM
   - C．RAM
   - D．Cache

5. 程序计数器中存放的是（　　　）。
   - A．当前指令
   - B．下一条指令
   - C．当前指令地址
   - D．下一条指令地址

6. 下列哪一项不是 CPU 的功能（　　　）。
   - A．指令控制
   - B．时间控制
   - C．数据加工
   - D．输入数据

7. 下列哪一项不是控制器的组成部分（　　　）。
   - A．程序计数器
   - B．指令寄存器

C. 指令译码器   D. 寄存器组

8. 计算机中有多种周期，其中周期最长的是（　　）。

    A. 机器周期   B. 指令周期

    C. CPU 周期   D. 时钟周期

9. 读取并执行一条指令的时间称为（　　）。

    A. CPU 周期   B. 时间周期

    C. 指令周期   D. 存储周期

10. 指令的执行由（　　）完成。

    A. 指令寄存器   B. 程序计数器

    C. 地址寄存器   D. 指令译码器

11. 数据传送类指令不包括（　　）。

    A. 传送指令   B. 入栈指令

    C. 交换指令   D. 转移指令

12. 计算机指令的寻址方式中，操作数在寄存器中，称为（　　）。

    A. 寄存器寻址   B. 寄存器间接寻址

    C. 直接寻址   D. 基址寻址

13. 计算机指令的寻址方式中，操作数地址在寄存器中，称为（　　）。

    A. 寄存器寻址   B. 寄存器间接寻址

    C. 直接寻址   D. 基址寻址

14. 计算机指令的寻址方式中，操作数在指令中，称为（　　）。

    A. 寄存器直接寻址   B. 寄存器间接寻址

    C. 直接寻址   D. 立即寻址

16. 计算机指令的寻址方式中，操作数地址为某一个寄存器中的内容与位移之和，以下哪种方式除外（　　）。

    A. 寄存器寻址   B. 变址寻址

    C. 基址加变址寻址   D. 寄存器间接寻址

17. 一节拍脉冲维持的时间长短是一个（　　）。

    A. 时钟周期   B. 节拍

    C. 机器周期   D. 指令周期

18. 一条机器指令的功能一般对应于（　　）。

    A. 一段微程序   B. 一条微指令

    C. 一条微命令   D. 一个微操作

得分	评卷人

二、判断题（本大题共 10 小题，每小题 2 分，共 20 分。表述正确的在答题栏中对应填"A"，错误的填"B"。）

题　号	1	2	3	4	5	6	7	8	9	10
答　案										

1.（　　）CPU 是计算机的控制器。

2.（　　）操作码的位数决定了操作类型的多少。

3.（　　）单地址指令既能对单操作数，也能对某些双操作数处理。

4.（　　）同步控制方式中周期的长度是固定的。

5.（　　）在没有设置乘、除法指令的计算机系统中，不能实现乘、除法运算。

6.（　　）所有指令周期的第一个周期均为取指时间。

7.（　　）RISC 的主要设计目标为减少指令数，降低软、硬件开销。

8.（　　）数据移位指令即控制转移指令，是属于数据控制类指令。

9.（　　）P4 CPU 中集成了一级和二级 Cache。

10.（　　）若干微指令组成一条微程序，用于解释执行一条机器指令。

得分	评卷人

三、填空题（**本大题共 11 小题，16 空，每空 2 分，共计 32 分。请将答案填在题中的横线上。**）

1. 一个 CPU 能执行的所有指令的集合称为该 CPU 的＿＿＿＿＿＿＿＿＿。

2. Cache 主要用于解决内存与＿＿＿＿＿＿＿＿速度不匹配问题。

3. 计算机系统中产生周期节拍、脉冲等时序信号的部件称为＿＿＿＿＿＿＿＿。

4. 时序控制方式可分为＿＿＿＿＿＿＿＿和＿＿＿＿＿＿＿＿两种方式。

5. 微指令存放在一个由＿＿＿＿＿＿＿＿构成的控制存储器中。

6. 指令的长度由＿＿＿＿＿＿＿＿和＿＿＿＿＿＿＿＿组成。不同的指令，长度可能不同，但长度也不是任意的。

7. 非访内指令的指令周期为＿＿个 CPU 周期，直接访内指令的指令周期为＿＿个 CPU 周期，间接访内指令的指令周期为＿＿个 CPU 周期，程序控制指令的指令周期需＿＿个 CPU 周期。

8. 精简指令集计算机的特点是所有频繁使用的简单指令都能在一个＿＿＿＿＿＿＿＿周期内执行完。

9. 双地址指令的格式为 OP、A1、A2，如果 OP 段的长度是 8 位，那么该机器最多有＿＿＿＿＿＿＿＿种操作指令。

10. 子程序调用指令和转移指令均改变程序的＿＿＿＿＿＿＿＿。

11. ＿＿＿＿＿＿＿＿表示操作的性质及功能，它所占的 0,1 码位数取决于指令系统中的指令条数。

得分	评卷人

四、简答题（**本大题共 2 小题，共计 12 分。**）

1. 中央处理器的主要功能是什么？（6 分）

2. 一个完善的指令系统应满足哪四个方面的要求？（6分）

综合高中计算机应用专业《计算机原理》阶段测试卷（三）

（满分：100分　考试时间：45分钟）

班级_____　姓名_____　得分_____

结　分　栏

题　号	一	二	三	四	合分人
得　分					

考核范围：存储系统、总线系统

得分	评卷人

一、选择题（本大题共 18 小题，每小题 2 分，共 36 分。每小题只有一个正确答案，请把答案序号对应填入答题栏。）

题　号	1	2	3	4	5	6	7	8	9	10	11	12	13	14	15	16	17	18
答　案																		

1．下面列出的四种存储器中，信息易失性存储器是（　　　）。

    A．RAM   B．ROM

    C．PROM   D．CD-ROM

2．数据总线一般为（　　　）。

    A．单向信号线   B．双向信号线

    C．输入信号线   D．输出信号线

3．总线接口的功能不包括（　　　）。

    A．数据转换   B．数据运算

    C．数据缓存   D．状态设置

4．在微型计算机中 ROM 是（　　　）。

    A．顺序读/写存储器   B．随机读/写存储器

    C．只读存储器   D．高速缓冲存储器

5．I/O 接口位于（　　　）之间。

    A．内存与 I/O 设备   B．CPU 与 I/O 设备

    C．总线与 I/O 设备   D．高速缓存与 I/O 设备

6．下列关于总线的说法正确的是（　　　）。

    A．计算机一次最多处理 32 位二进制，其最大寻址空间为 4 GB

    B．连接运算器、控制器与存储器的线称为系统总线

C. 字长的位数与数据总线的宽度有关

D. 串行总线的速度比并行总线快，所以系统总线属串行总线

7. 下列计算机常用总线中，工作频率最高的是（　　　）。

    A. ISA   B. PCI   C. EISA   D. VESA

8. 根据传送信息的种类不同，系统总线可分为地址线、数据线和控制线。地址线的功能是（　　　）。

    A. 选择主存单元地址   B. 选择外存地址

    C. 选择 I/O 接口地址   D. 选择主存单元或 I/O 接口地址

9. 组成 2M*8bit 的内存，可以使用（　　　）。

    A. 1M*8bit 进行并联   B. 1M*4bit 进行串联

    C. 2M*4bit 进行并联   D. 2M*4bit 进行串联

10. 要使用 16K*1 位的存储芯片组成 16K*8 位的存储器，则应有地址线、数据线依次为（　　　）。

    A. 10 根、6 根   B. 16 根、8 根

    C. 14 根、8 根   D. 8 根、16 根

11. 若 RAM 中每个存储单元为 16 位，则下面所述正确的是（　　　）。

    A. 地址线是 16 位   B. 地址线与 16 无关

    C. 地址线多于 16 位   D. 地址线不得少于 16 位

12. 与外存储器相比，内存储器的特点是（　　　）。

    A. 容量大、速度快、成本低   B. 容量大、速度慢、成本高

    C. 容量小、速度快、成本高   D. 容量小、速度快、成本低

13. 640 KB 的内存容量为（　　　）。

    A. 640 000 字节   B. 64 000 字节

    C. 655 360 字节   D. 32 000 字节

14、微机控制总线不具有的功能是提供主存、I/O 接口设备的（　　　）。

    A. 控制信号   B. 数据信号

    C. 响应信号   D. 时序信号

15. 根据传送信息的种类不同，系统总线可分为（　　　）。

    A. 地址线和数据线   B. 地址线、控制线和数据线

    C. 地址线、数据线和电源线   D. 地址线和控制线

16. 下列哪一个不是计算机中常见的接口（　　　）。

    A. IDE   B. EIDE

    C. SCSI   D. AGP

17. 下列哪一个不是常见的总线标准（　　　）。

    A. PCI   B. AGP

    C. EISA   D. VGA

18. 下列不是微机中常见的接口是（　　　）。

    A. IDE   B. PCI

    C. VGA   D. USB

二、判断题（本大题共 10 小题，每小题 2 分，共 20 分。表述正确的在答题栏中对应填 "A"，错误的填 "B"。）

题 号	1	2	3	4	5	6	7	8	9	10
答 案										

1. （　　）计算机的内存由 RAM 和 ROM 两种半导体存储器组成。

2. （　　）CPU 访问存储器的时间是由存储器的容量决定的，存储器容量越大，访问存储器所需要的时间越长。

3. （　　）多总线结构是在单总线结构基础上增加了一些局部总线。

4. （　　）总线的主要特征是分时共享。

5. （　　）系统总线中的控制总线的功能是提供数据信息。

6. （　　）连续启动两次独立存储器操作所需要最小的时间间隔为存取时间。

7. （　　）在虚拟存储器中，辅助存储器与主存储器以相同的方式工作，因而，允许程序员用比主存空间大得多的空间编程。

8. （　　）在虚拟存储器中，逻辑地址转换成物理地址是由硬件实现的，仅在页面失效时才由操作系统将被访问页面从辅存调到主存，必要时还要先把被淘汰的页面内容写入辅存。

9. （　　）某计算机有 20 根地址线，其内存寻址空间可达 1MB。

10. （　　）PCI 是一种常见的局部总线。

得分	评卷人

三、填空题（本大题共 10 小题，16 空，每空 2 分，共计 32 分。请将答案填在题中的横线上。）

1. 内存储容量为 256K 时，若首地址为 00000H，末地址是＿＿＿＿＿＿＿＿。

2. 计算机系统中的存储器分为＿＿＿＿＿＿＿ 和＿＿＿＿＿＿＿。在 CPU 执行程序时，必须将指令存放在＿＿＿＿＿＿＿＿ 中。

3. 总线按连接的部件分为＿＿＿＿＿＿＿、＿＿＿＿＿＿＿＿和＿＿＿＿＿＿＿。

4. 总线按信息传送的方向分为＿＿＿＿＿＿＿和＿＿＿＿＿＿＿。

5. 主板上的 IDE 接口有＿＿＿＿＿＿＿ 根线。

6. CPU 是按＿＿＿＿＿＿＿ 访问存储器的数据。

7. ＿＿＿＿＿＿＿＿ 总线宽度决定了可访问内存空间的大小。

8. 静态存储单元是由晶体管构成的＿＿＿＿＿＿＿，保证记忆单元始终处于稳定状态，存储的信息不需要＿＿＿＿＿＿＿ 。

9. 8192 个汉字，用内码存储，需要 4K*8 的储存芯片为＿＿＿＿＿＿＿ 片。

10. 主存与高速硬盘间数据交换采用的是＿＿＿＿＿＿＿＿ 方式。

四、简答题（本大题共 2 小题，共计 12 分。）

1. 请回答对三级存储器系统的理解？（6 分）

2. 什么是倍频？（6 分）

综合高中计算机应用专业《计算机原理》

阶段测试卷（四）

（满分：100分　考试时间：45分钟）

班级＿＿＿＿＿＿＿＿＿＿　姓名＿＿＿＿＿＿＿＿＿＿＿＿＿　得分＿＿＿＿＿＿＿＿

结 分 栏

题 号	一	二	三	四	合分人
得 分					

考核范围：输入/输出系统、外围设备

得分	评卷人

一、选择题（本大题共18小题，每小题2分，共36分。每小题只有一个正确答案，请把答案序号对应填入答题栏。）

题 号	1	2	3	4	5	6	7	8	9	10	11	12	13	14	15	16	17	18
答 案																		

1. 下列几种I/O交换方式中，主要由程序实现的是（　　　）。
   A．查询方式　　　　　　　　　　B．通道方式
   C．中断方式　　　　　　　　　　D．外围处理机方式
2. 下列数据传送方式中，不能实现CPU与总线并行工作的是（　　　）。
   A．中断方式　　　　　　　　　　B．DMA方式
   C．PPU方式　　　　　　　　　　D．程序查询方式
3. 程序查询方式中进行数据传送，由（　　　）发出数据传送请求。
   A．CPU　　　　　　　　　　　　B．I/O设备
   C．内存　　　　　　　　　　　　D．I/O接口
4. 下列哪一个不是中断的组成部分（　　　）。
   A．中断请求　　　　　　　　　　B．中断返回
   C．中断处理　　　　　　　　　　D．中断程序
5. 中断请求是（　　　）提出的。
   A．外设　　　　　　　　　　　　B．CPU
   C．内存　　　　　　　　　　　　D．总线
6. 下列关于中断说法正确的是（　　　）。
   A．中断只能由硬件产生　　　　　B．中断只能由软件产生
   C．软件和硬件都可产生中断　　　D．以上三种说法都不对

7. 中断响应后要做的第一件工作是（　　　）。

　　A．保护断点　　　　　　　　　　　B．保护现场

　　C．恢复现场　　　　　　　　　　　D．恢复断点

8. 保护断点是指保存原程序被中断位置，是在（　　　）时被执行的。

　　A．中断请求　　　　　　　　　　　B．中断响应

　　C．中断处理　　　　　　　　　　　D．中断返回

9. 保护现场是在（　　　）时被执行的。

　　A．中断请求　　　　　　　　　　　B．中断响应

　　C．中断处理　　　　　　　　　　　D．中断返回

10. 磁盘的磁道是（　　　）。

　　A．一组由内向外的同心圆，最内侧是 0 磁道

　　B．一组由外向内的同心圆，最外侧是 0 磁道

　　C．一组由内向外的螺旋线，最外侧是 0 磁道

　　D．一组由内向外的螺旋线，最内侧是 0 磁道

11. 显示器的分辨率越高，要求（　　　）。

　　A．显存容量越大　　　　　　　　　B．显存容量越小

　　C．能显示的颜色越多　　　　　　　D．能显示的颜色越少

12. 下列打印机中，打印速度最快的是（　　　）。

　　A．喷墨打印机　　　　　　　　　　B．针式打印机

　　C．激光打印机　　　　　　　　　　D．击打式打印机

13. 下列关于外围设备的功能，说法正确的是（　　　）。

　　A．在计算机和其他外围设备之间，计算机和用户之间交换信息

　　B．将外部信息输入到计算机中

　　C．将计算机中处理的结果输出给用户

　　D．在计算机和其他外设间交换信息

14. CRT 显示器显示的内容是由若干个点组成，其中的每个点称为（　　　）。

　　A．分辨率　　　　　　　　　　　　B．像素

　　C．色深　　　　　　　　　　　　　D．电子枪

15. 下列设备中既可作为输入设备，又可作为输出设备的是（　　　）。

　　A．外存储器　　　　　　　　　　　B．绘图仪

　　C．显示器　　　　　　　　　　　　D．打印机

16. 显存容量固定，显示器的分辨率和色深（　　　）。

　　A．成正比关系　　　　　　　　　　B．成反比关系

　　C．和为一个固定值　　　　　　　　D．差为一个固定值

17. 下列打印机中，最适合打印多层纸的是（　　　）。

　　A．喷墨打印机　　　　　　　　　　B．针式打印机

　　C．激光打印机　　　　　　　　　　D．热敏电阻式打印机

18. 下列不属于扫描仪技术指标的是（　　　）。

　　A．分辨率　　　　　　　　　　　　B．色深

　　C．幅宽　　　　　　　　　　　　　D．外形

二、判断题（本大题共 10 小题，每小题 2 分，共 20 分。表述正确的在答题栏中对应填"A"，错误的填"B"。）

题 号	1	2	3	4	5	6	7	8	9	10
答 案										

1.（　　）内存与高速硬盘间数据传送一般采用 DMA 方式。

2.（　　）显示器的分辨率越高，显示的图像越清晰。

3.（　　）外围设备是指计算机主机箱以外的设备。

4.（　　）中断具有随机性，即中断随时都可能发生且只要有中断申请，CPU 就要立即执行中断服务程序。

5.（　　）分辨率 1024*768 含义：显示器一行显示 768 个像素，一列显示 1024 个像素。

6.（　　）计算机设置中断的作用主要是为了具有实时处理能力。

7.（　　）在 CPU 处理某一中断过程中，如果有比该中断优先级别高的中断请求，则 CPU 会中断服务程序执行，转去响应新中断。

8.（　　）点距是指显示器荧光屏上相同两个同色磷光点之间的距离。

9.（　　）在 DMA 方式中，当外设发出 DMA 请求时，DMA 控制器响应请求。

10.（　　）针式打印机属于非击打式打印机。

得分	评卷人

三、填空题（本大题共 10 小题，16 空，每空 2 分，共计 32 分。请将答案填在题中的横线上。）

1. 中断可分为＿＿＿＿＿＿ 和＿＿＿＿＿＿ 中断，后者要求 CPU 立即予以响应。

2. CPU 和 I/O 设备之间传送的信息可分为＿＿＿＿＿＿＿＿＿＿＿＿＿＿＿三类。

3. 磁盘驱动器的技术指标主要有道—道查询时间、寻道安顿时间、＿＿＿＿＿＿ 、平均访问时间和错误比率。

4. 通道是一种通过执行通道程序来管理＿＿＿＿＿＿的控制器，它的任务是管理实现输入/输出操作，提供一种传送通道。它是在＿＿＿＿＿＿基础上发展而来的。

5. DMA 方式数据传送的过程在＿＿＿＿＿＿的控制下，不需要 CPU 的干预，形成以＿＿＿＿＿＿ 为中心的体系结构。

6. 在程序中断方式中，原程序中各通用寄存器的内容被称为＿＿＿＿＿＿＿＿ 。

7. 液晶显示器的简称为＿＿＿＿＿＿＿＿＿＿＿＿＿＿＿，CRT 显示器的全称为＿＿＿＿＿＿＿＿＿＿＿。

8. 三基色是指红色、＿＿＿＿＿＿ 和＿＿＿＿＿＿ （即 R、G、B 三种颜色）。

9. 显示器的技术指标主要有尺寸、＿＿＿＿＿＿＿＿＿＿、分辨率、垂直扫描频率、＿＿＿＿＿＿、扫描方式、带宽、电磁辐射标准等。

10. DMA 方式是在内存和＿＿＿＿＿＿ 之间开辟一条直接数据传送通道。

得分	评卷人

四、简答题（本大题共 2 小题，共计 12 分。）

1. 谈谈你对中断的理解？（6 分）

2. 请回答：什么是分辨率？（6 分）

综合高中计算机应用专业学科测试

计算机原理综合测试卷（一）

（满分：100 分 考试时间：50 分钟）

班级＿＿＿＿＿＿＿＿ 姓名＿＿＿＿＿＿＿＿＿＿＿ 得分＿＿＿＿＿＿＿＿

结 分 栏

题 号	一	二	三	总分	合分人
得 分					

得分	评卷人

一、选择题（本大题共 20 小题，每小题 2 分，共 40 分。每小题只有一个正确答案，请把答案序号对应填入答题栏。）

题 号	1	2	3	4	5	6	7	8	9	10	11	12	13	14	15	16	17	18	19	20
答 案																				

1. 计算机辅助教学的英文缩写是（ ）。
   A. CAD
   B. CAE
   C. CAI
   D. CAM

2. 下列不属于控制器组成部件的是（ ）。
   A. 状态寄存器
   B. 指令译码器
   C. 指令寄存器
   D. 程序计数器

3. 运算器的主要功能是（ ）。
   A. 算术运算
   B. 逻辑运算
   C. 算术和逻辑运算
   D. 移位运算

4. 下列四个不同进制的数中，最大的数是（ ）。
   A. $(11011001)_2$
   B. $(237)_8$
   C. $(203)_{10}$
   D. $(C7)_{16}$

5. 指令操作数在指令中直接给出，这种寻址方式为（ ）。
   A. 直接寻址
   B. 间接寻址
   C. 立即寻址
   D. 变址寻址

6. 存储器是计算机系统的记忆设备，它主要用来（ ）。
   A. 存放微程序
   B. 存放程序
   C. 存放数据
   D. 存放程序和数据

7. 微型计算机中的 Cache 表示（ ）。

A. 动态存储器   B. 高速缓冲存储器
C. 外存储器   D. 可擦除可编程只读存储器

8. 系统总线中地址总线的功能是（   ）。

A. 选择主存地址   B. 选择进行信息传输的设备
C. 选择外存地址   D. 选择主存和 I/O 设备接口电路的地址

9. DMA 控制方式用于实现（   ）之间的信息交换。

A. CPU 与外设   B. CPU 与主存
C. 内存与外设   D. 外设与外设

10. 十六进制数 327 与（   ）相等。

A. 807   B. 897   C. 143Q   D. 243Q

11. 下列指标中，对计算机性能影响相对较小的是（   ）。

A. 字长   B. 硬盘容量
C. 内存容量   D. 时钟频率

12. 下列数中最小数是（   ）。

A. $(10010111)_2$ B. $(10010111)_{BCD}$
C. $(97)_{16}$ D. $(227)_8$

13. 指令周期是指（   ）。

A. CPU 从主存取出一条指令的时间
B. CPU 执行一条指令的时间
C. CPU 从主存取出一条指令加上执行这条指令的时间
D. 时钟周期

14. 加法运算后的进位标志存放在（   ）中。

A. 状态标志寄存器 F   B. 程序计数器 PC
C. 累加器 ACC   D. 数据缓冲器 DR

15. CPU 中有一条以上的流水线且每个时钟周期可以完成一条以上指令的技术是
（   ）。

A. 流水线技术   B. 超流水线技术
C. 倍频技术   D. 超标量技术

16. 双地址指令的格式为 OP A1 A2，如果 OP 的长度为 7 位，则该计算机最多可有（   ）
种操作指令（OP 为操作码）。

A. 7   B. 14   C. 49   D. 128

17. 设有一个 8 位字长的存储器，其存储容量为 64KB，则其具有的地址线有（   ）。

A. 64 条   B. 16 条   C. 65536 条   D. 64000 条

18. 下列选项中，（   ）所保存的数据在计算机断电后将丢失。

A. 硬盘   B. U 盘   C. ROM   D. RAM

19. 系统总线中地址总线的功能是（   ）。

A. 选择主存单元地址线
B. 选择外存地址
C. 选择主存和 I/O 设备接口电路的地址
D. 选择进行信息传输的设备

20．一个从 00000H 开始编址的 128 KB 存储器，用十六进制编码的最高地址是（　　　）。

A．1FFFFH
B．FFFFFH
C．2FFFFH
D．3FFFFH

二、判断题（本大题共 12 小题，每小题 2 分，共 24 分。表述正确的在答题栏中对应填"A"，错误的填"B"。）

题　号	21	22	23	24	25	26	27	28	29	30	31	32
答　案												

21．（　　）累加器是一个具有累加功能的通用寄存器。

22．（　　）在计算机字长范围内，正数的原码、反码和补码相同。

23．（　　）外存比内存的存储容量大，存取速度快。

24．（　　）现代计算机的工作原理一般都基于"冯·诺依曼"的存储程序控制思想。

25．（　　）总线的主要特征是分时共享。

26．（　　）在相同字长条件下，定点数比浮点数可表示数值的范围大。

27．（　　）1024 个汉字在计算机内存中占用 1KB 的存储空间。

28．（　　）目前，计算机仍采用存储程序控制的工作原理。

29．（　　）采用 Cache 的目的是为了增加计算机的存储容量。

30．（　　）CPU 与外设进行数据传输时，查询方式比中断方式效率低。

31．（　　）设寄存器的内容为 1000 0000，若它的真值等于-127，则为反码。

32．（　　）二进制数 11011101111111 除以十六的余数是 0FH。

三、填空题（本大题共 18 小题，18 空，每空 2 分，共计 36 分。请将答案填在题中的横线上。）

33．衡量计算机性能的主要指标有_____、字长、运算速度、内存容量、性能价格比等。

34．已知 X、Y 为两个带符号的定点整数，它们的补码为 $[X]_{补}$=00010011B，$[Y]_{补}$=11111001B，则$[X+Y]_{补}$ = _____ B。

35．内存条是指通过一条印制电路板将_____、电容、电阻等元器件焊接在一起形成的条形存储器。

36．一个含有 6 个"1"、2 个"0"的 8 位二进制整数原码，可表示的最大数（用十六进制表示）为_____。

37．指令中用于表示操作性质及功能的部分称为_____。

38．按存取方式分，计算机主板上用于存放 CMOS 参数的存储芯片属于_____类。

39．CPU 每进行一种操作，都要有时间的开销，因而，CPU 取指、译码、执行需要一定的时间，这一系列操作的时间称为_____。

40．中断处理过程包括_____、中断响应、中断处理和中断返回四个阶段。

41．已知［X］补=10000000，则 X=_____（十进制）。

42．若一台计算机的内存为 128 MB，它的初地址为 0H，则它的末地址为_____H。

43．运算器的主要功能是实现_____运算。

44．衡量计算机的性能指标主要有主频、_____、运算速度、存储容量、价格性价比等。

45．为保证动态 RAM 中的内容不消失，需要进行_____操作。

46．用助记符表示操作码和操作数的程序设计语言是_____。

47．在寄存器间接寻址方式中，操作数被存放在_____中。

48．从中断源的分类来看，键盘、打印机等工作过程中向主机发出已做好接收或发送准备的信息属于_____中断。

49．在主机与部设备的数据传送方式中，_____方式一般用于主存与 I/O 设备之间的高速数据传送。

50．已知 A=11010110，B=01011011，则 A XOR B=_____。

综合高中计算机应用专业学科测试

计算机原理综合测试卷（二）

（满分：100分　考试时间：50分钟）

班级＿＿＿＿＿＿＿　姓名＿＿＿＿＿＿＿　得分＿＿＿＿＿＿＿

结 分 栏

题 号	一	二	三	总分	合分人
得 分					

得分	评卷人

一、选择题（本大题共 20 小题，每小题 2 分，共 40 分。每小题只有一个正确答案，请把答案序号对应填入答题栏。）

题 号	1	2	3	4	5	6	7	8	9	10	11	12	13	14	15	16	17	18	19	20
答 案																				

1. 下面有关"中断"的叙述，（　　　）是不正确的。

　A．一旦有中断请求出现，CPU 立即停止当前指令的执行，转而去受理中断请求

　B．CPU 响应中断时暂停运行当前程序，自动转移到中断服务程序

　C．中断方式一般适用于随机出现的服务

　D．为了保证中断服务程序执行完毕以后，能正确返回到被中断的断点继续执行程序，必须进行现场保存操作

2. 在小型或微型计算机中，普遍采用的字符编码是（　　　）。

　A．BCD 码　　　　　　　　　　　　B．十六进制

　C．格雷码　　　　　　　　　　　　D．ASCII 码

3. CPU 主要包括（　　　）。

　A．控制器　　　　　　　　　　　　B．控制器、运算器、Cache

　C．运算器和主存　　　　　　　　　D．控制器、ALU 和主存

4. 在主存和 CPU 之间增加 Cache 存储器的目的是（　　　）。

　A．增加内存容量

　B．提高内存可靠性

　C．解决 CPU 和主存之间的速度匹配问题

　D．增加内存容量，同时加快存取速度

5. 系统总线中地址线的功能是（　　　）。

　A．用于选择主存单元地址

B. 用于选择进行信息传输的设备

C. 用于选择外存地址

D. 用于指定主存和 I/O 设备接口电路的地址

6. 描述多媒体 CPU 基本概念中正确表述的是（　　　）。

    A. 多媒体 CPU 是带有 MMX 技术的处理器

    B. 多媒体 CPU 是非流水线结构

    C. MMX 指令集是一种 MIMD（多指令流多数据流）的并行处理指令

    D. 多媒体 CPU 一定是 CISC 机器

7. 在 CPU 中，跟踪后继指令地址的寄存器是（　　　）。

    A. 指令寄存器   B. 程序计数器

    C. 地址寄存器   D. 状态条件寄存器

8. 外存储器与内存储器相比，外存储器（　　　）。

    A. 速度快，容量大，成本高   B. 速度慢，容量大，成本低

    C. 速度快，容量小，成本高   D. 速度慢，容量大，成本高

9. 下面描述 RISC 机器基本概念中，正确的表述是（　　　）

    A. RISC 机器不一定是流水 CPU   B. RISC 机器一定是流水 CPU

    C. RISC 机器有复杂的指令系统   D. 其 CPU 配备很少的通用寄存器

10. 描述汇编语言特性的概念中，有错误的句子是（　　　）。

    A. 对程序员的训练要求来说，需要硬件知识

    B. 汇编语言对机器的依赖性高

    C. 用汇编语言编制程序的难度比高级语言小

    D. 汇编语言编写的程序执行速度比高级语言快

11. 某一 RAM 芯片，其容量为 1024×8 位，其数据线和地址线分别为（　　　）。

    A. 3，10   B. 10，3

    C. 8，10   D. 10，8

12. 程序控制类指令的功能（　　　）。

    A. 进行算术运算和逻辑运算

    B. 进行主存和 CPU 之间的数据传送

    C. 进行 CPU 和 I/O 设备之间的数据传送

    D. 改变程序执行的顺序

13. 在微型机系统中，外围设备通过（　　　）与主板的系统总线相连接。

    A. 适配器   B. 设备控制器

    C. 计数器   D. 寄存器。

14. 常用的虚拟存储系统由（　　　）两级存储器组成，其中（　　　）是大容量的磁表面存储器。

    A. 快存—辅存、辅存   B. 主存—辅存、辅存

    C. 快存—主存、辅存   D. 通用寄存器—主存、主存

15. 为了便于实现多级中断，保存现场信息最有效的方式是采用（　　　）。

    A. 通用寄存器   B. 堆栈   C. 存储器   D. 外存

16. 在并行 I/O 标准接口 SCSI 中，一个主适配器可以连接（　　　）台具有 SCSI 接口

的设备。

    A. 6   B. 7   C. 8   D. 10

17. 定点运算器用来进行（   ）。

    A. 十进制数加法运算

    B. 定点数运算

    C. 浮点数运算

    D. 既进行定点数运算也进行浮点数运算

18. 指令寄存器的作用是（   ）。

    A. 保存当前指令的地址   B. 保存当前正在执行的指令

    C. 保存下一条指令   D. 保存上一条指令

19. 在（   ）的微型计算机中，外设可以和主存储器单元统一编址，因而，可以不使用 I/O 指令。

    A. 单总线   B. 双总线

    C. 三总线   D. 多总线

20. 磁盘驱动器向盘片磁层记录时采用（   ）方式写入。

    A. 并行   B. 串行

    C. 并—串行   D. 串—并行

得分	评卷人

二、判断题（本大题共 12 小题，每小题 2 分，共 24 分。表述正确的在答题栏中对应填"A"，错误的填"B"。）

题 号	21	22	23	24	25	26	27	28	29	30	31	32
答 案												

21.（   ）采用二进制浮点数规格化表示时，则浮点数的表示范围取决于阶码的位数。

22.（   ）通道方式中，通道和 CPU 分时使用内存。

23.（   ）硬盘在主机箱内部，成为主机的组成部分，但属于计算机的外存储器。

24.（   ）一个时钟周期可以划分为若干个 CPU 工作周期。

25.（   ）计算机采用何种时序控制方式直接决定时序信号的产生，但不会影响指令的执行速度。

26.（   ）根据总线所传送的信号的不同将总线分为数据总线和控制总线。

27.（   ）将内存地址编码扩大到外围设备上，这种编址方式称为统一编址方式。

28.（   ）微操作是计算机中最基本、不可分解的操作。

28.（   ）程序查询方式和中断方式主要由软件实现。

30.（   ）一个汉字区位码的区号是 54，位号是 48，则其国标码为 7648H。

31.（   ）计算机启动后可以由用户从随机存储器中任意读取数据。

32.（   ）存储容量用于衡量存储器存储信息的能力，只能用字节数的方式描述。

三、填空题（本大题共 18 小题，18 空，每空 2 分，共计 36 分。请将答案填在题中的横线上。）

33．计算机中的数据有两类：一类是数值型数据；另一类是_____。

34．表示一个带符号数的方法有原码表示法、补码表示法和_____。

35．在计算机中表示数值数据时，通常在二进制数的最前面规定一个_____来区别数的正负。

36．时序控制方式中同步控制的基本特征是将操作时间分为若干长度相同的_____，要求在一个或几个时钟周期内完成各个微操作。

37．磁盘的磁道是一组由外而内编号的同心圆，0 磁道位于最_____面。

38．如果零地址指令的操作数在内存中，则操作数地址隐式地由_____来指明。

39．某半导体存储器的地址码为 16 位，因而该机由地址码计算出主存的最大容量为_____K 个单元。

40．主存储器进行两次连续、独立的操作（读/写）之间所需的时间称作为_____。

41．CPU 中用于保存下一条指令在主存中的地址的部件被称为_____。

42．_____是指计算机完成一个操作所需的时间，又称为 CPU 周期。

43．_____决定了该总线的寻址范围。

44．计算机的各组成部分，为各设备间通信提供线路的物理通道称为_____。

45．中断的两个主要特点是_____和随机性。

46．若计算机的显示器中每个像素点用 16 位二进制数来表示，则可表示_____种颜色。

47．在程序中断方式中，原程序中各通用寄存器的内容被称为_____。

48．中断是指 CPU 在执行程序的过程中，出现某些突发事件急待处理，CPU 必须暂停_____，转处理突发事件。

49．张双面高密度软盘，每面有 80 个磁道，存储容量为 1.44MB，则每个磁道被划分为_____个扇区。

50．光盘可分为_____、一次写入型光盘和可擦写光盘三种。

测试卷参考答案

《计算机原理》阶段测试卷（一）

一、选择题（本大题共 18 小题，每小题 2 分，共 36 分。每小题只有一个正确答案，请把答案序号对应填入答题栏。）

题 号	1	2	3	4	5	6	7	8	9	10	11	12	13	14	15	16	17	18
答 案	B	B	C	B	B	C	A	D	B	A	B	C	C	C	A	A	A	D

二、判断题（本大题共 10 小题，每小题 2 分，共 20 分。表述正确的在答题栏中对应填"A"，错误的填"B"。）

题 号	1	2	3	4	5	6	7	8	9	10
答 案	B	B	A	B	B	B	A	B	A	B

三、填空题（本大题共 14 小题，16 空，每空 2 分，共计 32 分。请将答案填在题中的横线上。）

1. 运算器；控制器
2. CPU
3. 乘以 2 正向取整
4. 位
5. 9
6. RAM
7. B
8. 7F
9. 87
10. 1000000000
11. 17；−111
12. 原码；补码
13. 补码

四、简答题（本大题共 2 小题，共计 12 分。）

1.（共 6 分）

计算机系统由硬件系统与软件系统组成。再对硬件系统、软件系统分别进行描述。具体略。

2．（共 6 分）

略。

《计算机原理》阶段测试卷（二）

一、选择题（本大题共 18 小题，每小题 2 分，共 36 分。每小题只有一个正确答案，请把答案序号对应填入答题栏。）

题 号	1	2	3	4	5	6	7	8	9	10	11	12	13	14	15	16	17	18
答 案	B	D	C	A	B	D	D	B	C	D	D	A	B	D	C	A	A	A

二、判断题（本大题共 10 小题，每小题 2 分，共 20 分。表述正确的在答题栏中对应填"A"，错误的填"B"。）

题 号	1	2	3	4	5	6	7	8	9	10
答 案	B	A	A	A	B	A	B	B	A	A

三、填空题（本大题共 11 小题，16 空，每空 2 分，共计 32 分。请将答案填在题中的横线上。）

1．指令系统

2．CPU

3．时序发生器

4．同步控制；异步控制

5．ROM

6．操作码长度；地址码长度

7．二；二；四；二

8．CPU

9．256

10．执行顺序

11．操作码

四、简答题（本大题共 2 小题，共计 12 分。）

1．（共 6 分）

略

2．（共 6 分）

略

《计算机原理》阶段测试卷（三）

一、选择题（本大题共 18 小题，每小题 2 分，共 36 分。每小题只有一个正确答案，请把答案序号对应填入答题栏。）

题 号	1	2	3	4	5	6	7	8	9	10	11	12	13	14	15	16	17	18
答 案	A	B	B	C	C	C	B	D	C	C	B	C	C	B	B	C	A	D

二、判断题（本大题共 10 小题，每小题 2 分，共 20 分。表述正确的在答题栏中对应填"A"，错误的填"B"。）

题 号	1	2	3	4	5	6	7	8	9	10
答 案	A	B	B	A	B	B	B	B	A	A

三、填空题（本大题共 10 小题，16 空，每空 2 分，共计 32 分。请将答案填在题中的横线上。）

1. 3FFFFH
2. 内存；外存；内存
3. 系统总线；内部总线；外部总线
4. 单向总线；双向总线
5. 40
6. 地址
7. 地址
8. 双稳态电路；刷新
9. 4
10. DMA

四、简答题（本大题共 2 小题，共计 12 分）。

1.（共 6 分）

略

2.（共 6 分）

略

《计算机原理》阶段测试卷（四）

一、选择题（本大题共 18 小题，每小题 2 分，共 36 分。每小题只有一个正确答案，请把答案序号对应填入答题栏。）

题 号	1	2	3	4	5	6	7	8	9	10	11	12	13	14	15	16	17	18
答 案	A	D	A	D	A	C	A	B	C	B	B	C	A	B	A	B	B	D

二、判断题（本大题共 10 小题，每小题 2 分，共 20 分。表述正确的在答题栏中对应填"A"，错误的填"B"。）

题 号	1	2	3	4	5	6	7	8	9	10
答 案	A	A	B	B	B	B	A	A	B	B

三、填空题（本大题共 10 小题，16 空，每空 2 分，共计 32 分。请将答案填在题中的横线上。）

1. 可屏蔽中断；非屏蔽中断
2. 地址信息、控制信息、数据信息
3. 数据传输速率
4. I/O 操作；DMA
5. DMAC；存储器
6. 现场
7. LED；阴极射线管显示器
8. 绿色；蓝色
9. 点距；水平扫描频率
10. I/O 设备

四、简答题（本大题共 2 小题，共计 12 分。）

1. （共 6 分）

略

2. （共 6 分）

略

综合高中计算机应用专业学科测试

计算机原理综合测试卷（一）　答案及评分参考

一、选择题（本大题共 20 小题，每小题 2 分，共 40 分。每小题只有一个正确答案，请把答案序号对应填入答题栏。）

题 号	1	2	3	4	5	6	7	8	9	10
答 案	C	A	C	A	C	D	B	D	C	A
题 号	11	12	13	14	15	16	17	18	19	20
答 案	B	B	C	D	A	D	D	B	D	A

二、判断题（本大题共 12 小题，每小题 2 分，共 24 分。表述正确的在答题栏中对应填"A"，错误的填"B"。）

题 号	21	22	23	24	25	25	27	28	29	30	31	32
答 案	B	A	B	A	A	B	B	A	B	A	A	A

三、填空题（本大题共 18 小题，18 空，每空 2 分，共计 36 分。请将答案填在题中的横线上。）

33．主频（频率）　　34．00001100　　35．内在芯片　　36．7EH

37．操作码　　　　　38．RAM　　　　39．指令周期　　40．指令周期

41．0　　　　　　　42．7FFFFFF　　　43．算术和逻辑　44．字长

45．刷新　　　　　　46．汇编语言　　　47．内在　　　　48．不可屏蔽

49．DMA　　　　　　50．1000 1101

计算机原理综合测试卷（二）　　答案及评分参考

计算机原理综合测试卷（二）　答案及评分参考

一、选择题（一、选择题（本大题共 20 小题，每小题 2 分，共 40 分。每小题只有一个正确答案，请把答案序号对应填入答题栏。）

题　号	1	2	3	4	5	6	7	8	9	10
答　案	A	D	B	C	D	A	B	B	B	C
题　号	11	12	13	14	15	16	17	18	19	20
答　案	C	D	A	B	B	B	B	B	A	B

二、判断题（本大题共 12 小题，每小题 2 分，共 24 分。表述正确的在答题栏中对应填"A"，错误的填"B"。）

题　号	21	22	23	24	25	26	27	28	29	30	31	32
答　案	A	A	A	B	B	B	A	A	A	B	B	B

三、填空题（本大题共 18 小题，18 空，每空 2 分，共计 36 分。请将答案填在题中的横线上。）

33．非数值型数据　34．反码表示法　　35．位　　　　36．时钟周期（或节拍）

37．外　　　　　　38．寄存器　　　　39．64　　　　40．存取周期

41．程序计数器　　42．机器周期　　　43．地址总线的宽度　44．总线

45．程序切换　　　56．256　　　　　57．现场　　　　58．当前程序

49．18　　　　　　50．只读型光盘

巩固练习参考答案

第1章　计算机中数据的表示方法

1.1　计算机中数据的分类和表示方法

一、单项选择题

1．B　2．C　3．D．　4．A　5．D　6．D

二、判断题

7．错　8．错　9．对　10．错　11．对　12．错　13．错　14．对　15．对　16．对

17．对　18．错

三、填空题

19．ASCII　20．1601　21．54　22．4B55；CBD5　23．312E；110E　24．2　25．6

1.2　各种数制及其转换方法

一、单项选择题

1．A　2．C　3．B　4．C　5．C　6．C　7．B　8．D　9．D

二、判断题

10．错　11．错　12．错　13．错　14．对

三、填空题

15．57　16．8 或填 2^3　17．52　18．10100011.0001B　19．11001.0011

20．5E.19C　136.0634　94.1005859375　21．10001.01　22．1000000000　23．1001101

24．459.5　25．10010.101100

1.3　原码、反码、补码

一、单项选择题

1．B　2．D　3．B　4．C　5．C　6．B　7．A

二、判断题

8．错　9．对　10．错　11．错　12．对

三、填空题

13．00000001；11111111；00000000；00000000　14．00001100　15．-1　16．-10000000

17．1011010　18．FFFF　19．原码；补　20．补码　21．25、-103　22．7E

第2章　计算机系统的组成

2.1　计算机的发展与应用领域

一、单项选择题

1．D　2．B　3．B　4．B　5．D　6．B　7．D　8．A　9．B　10．B

二、判断题

11. 错　12. 错　13. 错　14. 错　15. 错　16. 对　17. 对　18. 对　19. 错　20. 错

三、填空题

21. CAM　22. 信息处理　23. 功能和用途　24. 人工智能　25. 集成电路　26. 信息处理　27. 微处理器　28. 数字　29. 信息处理

2.2　计算机系统中各大部件的结构、作用及其相互关系

一、单项选择题

1. B　2. A　3. C　4. A　5. D　6. B　7. B　8. B　9. B　10. D

二、判断题

11. 错　12. 错　13. 错　14. 对　15. 对　16. 对　17. 对　18. 对　19. 错　20. 错

三、填空题

21. 存储器　22. 软件　23. 软件　24. 应用软件　25. 控制流　26. 内存　27. 操作系统　28. 显示器

2.3　计算机主机的基本工作原理

一、单项选择题

1. D　2. D　3. B　4. C　5. C　6. C　7. D　8. A　9. D

二、判断题

10. 对　11. 错　12. 错　13. 错　14. 对　15. 对　16. 对

三、填空题

17. 存储程序　18. 可维护性　19. 执行指令　20. MIPS　21. 冯·诺依曼　22. 二进制

第3章　中央处理器

3.1　CPU 的功能及组成

一、单项选择题

1. C　2. D　3. D　4. A　5. C　6. A　7. D　8. A　9. A　10. D　11. B　12. A　13. D　14. B　15. B　16. A　17. B　18. A　19. C

二、判断题

20. 错　21. 错　22. 错　23. 错　24. 对　25. 对　26. 错　27. 对　28. 错　29. 错　30. 错　31. 对　32. 对　33. 错　34. 错　35. 错　36. 对

三、填空题

37. 1　38. 指令控制　39. 累加寄存器　40. 4　41. 缓冲寄存器　42. 寄存器　43. FPU（协处理器）　44. 每秒钟（执行）百万条指令　45. CPU　46. 指令寄存器，程序计数器，指令译码器　47. 地址寄存器　48. 运算器　49. 指令译码器　50. 完成数据的加工处理　51. IR

3.2 指令周期

一、单项选择题

1. D 2. C 3. B 4. C 5. A 6. D 7. B 8. D 9. D 10. D 11. C

二、判断题

12. 对 13. 对 14. 对 15. 对 16. 对 17. 对 18. 错 19. 错 20. 对 21. 错

三、填空题

22. 1 23. 同步控制方式,异步控制方式,同步 24. 机器周期 25. 取指周期 26. 指令周期,时钟周期 27. 定长 CPU 周期 28. 同步控制方式 29. CPU 工作周期或机器周期 30. 时序发生器 31. 应答

3.3 典型的 CPU 技术

一、单项选择题

1. A 2. D 3. D 4. C 5. B 6. A 7. D 8. B 9. A 10. B 11. D

二、判断题

12. 错 13. 错 14. 对 15. 对 16. 对 17. 对 18. 错 19. 对 20. 对 21. 对 22. 错 23. 对 24. 对

三、填空题

25. RISC,CISC,RISC 26. 超流水线技术 27. 超流水线技术,超标量技术 28. 并行 29. MMX 30. 组合逻辑 31. 微命令 32. 微地址转移逻辑 33. 微操作 34. 微程序

第 4 章 指令系统

4.1 指令的基本格式及寻址方式

一、单项选择题

1. C 2. D

二、判断题

3. 错 4. 错

三、填空题

5. 二进制代码 6. 指令系统 7. 指令 8. 程序 9. 程序设计 10. 指令条数少;指令长度;指令格式和寻址方式 11. 精简指令计算机(RISC)

4.2 指令格式

一、单项选择题

1. C 2. C 3. A 4. A 5. C 6. D

二、判断题

7. 错

三、填空题

8. 操作特性和功能;操作数的地址;二地址、一地址和零地址

9. 二进制代码；操作码；地址码

10. 零地址

11. 操作码；地址码

12. 操作码；地址码

13. n

14. 操作码位数

15. 对象

16. 一地址；二地址；三地址

4.3 寻址方式

一、单项选择题

1．B　2．B　3．D　4．C　5．C　6．C　7．C　8．B　9．C

二、判断题

10．错　11．错

三、填空题

12．本条指令的数据地址；下一条要执行的指令

13．执行速度较快；操作数固定不变

14．地址码；通用寄存器；操作数

15．另一个地址；存储器间接寻址方式；寄存器间接寻址方式

4.4 指令的功能和类型

一、单项选择题

1．A　2．C　3．B　4．C　5．C　6．D　7．B　8．B　9．A　10．C　11．C　12．C

二、判断题

13．错　14．对

三、填空题

15．程序控制类；下一条指令的地址；操作数的地址

16．寄存器、主存；输入/输出接口

4.5 汇编语言

一、单项选择题

1．C　2．B　3．C　4．C　5．A　6．C　7．C　8．C　9．D　10．B　11．C　12．C　13．B　14．A

二、判断题

15．错　16．对　17．错

三、填空题

18．汇编程序　19．解释程序　20．汇编语言　21．源程序；目标程序　22．编译程序；解释程序　23．机器语言；汇编语言；高级语言　24．机器语言　25．编译　26．编译；连接　27．编译；连接

第 5 章　存储系统

5.1　存储器概述

一、单项选择题

1. C　2. B　3. C　4. C　5. D　6. D　7. A　8. C　9. B　10. D　11. A　12. B
13. B　14. C　15. B　16. C　17. D　18. C　19. C　20. B　21. D　22. B　23. C
24. A　25. C　26. B　27. A　28. D　29. A　30. A　31. C　32. A　33. B

二、判断题

34. 错　35. 错　36. 错　37. 错　38. 错　39. 错　40. 对　41. 错　42. 对　43. 错
44. 错　45. 错　46. 错　47. 对　48. 错　49. 错　50. 错　51. 对　52. 对　53. 对

三、填空题

54. 静态存储器(SRAM)；动态存储器（DRAM）

55. 半导体；快；高

56. Cache；主存

57. SRAM；DRAM；存取速度；不会

58. 存取时间、存储容量

59. 快；ROM；RAM；内

60. 读操作；写操作

61. 外存储器；内存储器；内存储器

62. ROM；PROM；EPROM；EEPROM

63. 随机存取存储器；只读存储器

64. 只读存储器；RAM（随机存取存储器）

65. 丢失；不会丢失信息

66. 可编只读存储器；可编程可擦除只读存储器；电可编程可擦除只读存储器；

5.2　内存储器

一、单项选择题

1. D　2. D　3. D　4. A　5. C　6. B　7. C　8. C　9. C　10. B　11. B　12. B
13. D　14. A　15. A　16. A　17. B　18. C

二、判断题

19. 对　20. 对　21. 错　22. 错　23. 对　24. 错　25. 对

三、填空题

26. 静态 RAM 靠触发器存储信息，稳定，不需要刷新；动态 RAM 靠栅极电容存储信息，易失，需要定期刷新

27. 集中式刷新；分散式刷新；异步式刷新

28. 容量大；速度快；成本低

29. 泄漏电流；刷新

30. BIOS

31. 内存

32. 内存储器

33. 地址

34. 无关；随机

35. 存储体；读写电路

36. 14；1

37. 单译码；双译码

38. 1024；64

39. 双稳态电路；刷新

40. 位扩展；字扩展

41. 8；4

42. 3FFFFH

43. 双稳态触发器；电容的充电电荷

44. 地址

45. 可多次擦写；紫外线照射

46. 4

47. 静态存储器；动态存储器；只读存储器；可编程可擦除只读存储器

5.3　高速缓冲存储器和虚拟存储器

一、单项选择题

1．D　2．A　3．A　4．B　5．A　6．D　7．D　8．C　9．D　10．D　11．B　12．B
13．B　14．B　15．D　16．C　17．B　18．B　19．A　20．D　21．D　22．B　23．A
24．A

二、判断题

25．错　26．对　27．对　28．错　29．对　30．错　31．错　32．对　33．对

三、填空题

34. 高速缓冲；速度；内存

35. 直接映像；全相联映象

36. Cache；内存；外存

37. Cache；

38. 高速缓冲存储器

39. 寄存器、Cache、主存、辅存

40. 程序访问的局部性原理

41. 容量小；速度快

42. 主存；Cache

43. 程序访问的局部性原理

44. 多层次；主存容量不足

45. 虚拟存储器

46. 主存—外存；主存；虚拟地址

47. 虚拟地址（逻辑）；实际地址（物理）

48. 物理页号；是否装入内存的标志位

第6章 总线系统

6.1 总线概念

一、单项选择题

1. B 2. C 3. D 4. B 5. B 6. B 7. D 8. C 9. C 10. A 11. C 12. D 13. D 14. A 15. C

二、判断题

16. 错 17. 对 18. 对 19. 对 20. 错 21. 对 22. 错 23. 对 24. 对 25. 对 26. 错 27. 对 28. 对 29. 错 30. 错 31. 错 32. 错 33. 对 34. 对 35. 对 36. 错 37. 对

三、填空题

38. 总线

39. 分时

40. 内部总线；系统总线；外部总线

41. 单向总线；双向总线

42. 同步总线；异步总线；准同步总线

43. 数据总线；控制总线；地址总线

44. 地址

45. 4GB

46. 地址总线

47. 分时共享

48. 地址总线

49. 地址总线

50. 32

51. 总线

52. 分时共享

53. 系统总线

54. 串行总线

55. 异步总线

56. 控制总线

57. 地址总线的宽度

58. 控制流

59. 32

60. 单向总线；双向总线

61. CPU 的字长

62. 数据总线宽度

63. 数据总线；地址总线；控制总线

64. 总线

65. 地址信息；数据信息

66. 时钟

67．时钟；应答；时间

68．时钟周期

69．总线带宽；传输速率

70．系统总线

71．高速

72．16

73．4

74．同步总线；异步总线；准同步总线

75．地址；数据

6.2　总线结构与接口

一、单项选择题

1．D　2．C　3．C　4．D　5．B　6．C　7．B　8．B　9．C　10．C　11．D　12．B
13．A　14．A　15．D　16．B　17．A　18．D　19．D　20．C　21．C　22．A　23．C
24．C　25．A　26．C　27．B　28．A　29．A　30．A　31．D　32．B　33．D　34．C
35．C　36．C　37．D　38．B　39．B　40．A

二、判断题

41．对　42．错　43．对　44．对　45．错　46．错　47．错　48．错　49．错　50．对
51．错　52．错　53．对　54．对　55．对　56．对　57．对　58．错　59．对

三、填空题

60．单总线

61．DMA

62．吞吐量；存取周期

63．ISA；EISA；PCI；AGP

64．白；褐

65．缓冲；转换程序；中断

66．40

67．小型计算机系统接口

68．通用串行总线

69．等时传输方式；中断传输方式；控制传输方式；批传输方式

70．寻址方式

71．地址

72．端口

73．32

74．接口

75．接口

76．多总线结构

77．吞吐量

78．AGP

79．PCI

80. USB

81. IDE；SATA；SCSI

82. PCI

83. 串行；并行

84. AGP

85. 数据总线；地址总线；控制总线

86. 相同；不相同

87. ISA；32

88. PCI；AGP

89. 分时共享

90. 图形加速接口

91. 单总线结构

92. 吞吐量；主存的存储周期

93. 132MB/s；264MB/s

94. 点对点

95. 串行口；并行口

96. 多

第 7 章　输入/输出系统

7.1　I/O 设备的信息交换方式

一、单项选择题

1. D　2. D　3. A　4. C　5. B　6. C　7. A　8. B　9. C　10. A　11. C　12. D

二、判断题

13. 错　14. 对　15. 错　16. 对　17. 错　18. 对　19. 错

三、填空题

20. DMA 方式；通道方式；DMA 方式；通道方式

21. 程序查询

22. 程序查询方式；程序中断方式；DMA 方式；通道方式

23. 数据信息；地址信息

24. 并行接口；串行接口

25. DMA 方式；通道方式；程序查询；程序中断

26. 数据；控制

27. 外设

7.2　程序查询方式

一、单项选择题

1. A　2. A　3. A　4. B　5. C　6. A　7. A　8. B　9. A　10. C　11. A　12. A

13. D　14. A

二、判断题

15. 对　16. 对　17. 对　18. 错　19. 错　20. 对　21. 对　22. 对　23. 对　24. 错
25. 错　26. 错　27. 对

三、填空题

28. 程序查询
29. 程序查询方式
30. 外设
31. 程序

7.3 程序中断方式

一、单项选择题

1. D　2. A　3. A　4. C　5. D　6. B　7. C　8. A　9. C　10. C　11. A　12. C
13. B　14. C　15. C　16. B　17. B　18. B　19. B　20. C　21. C　22. C　23. B
24. B　25. B　26. B　27. B　28. D　29. D　30. D　31. A　32. B　33. B　34. A
35. B　36. B　37. A　38. A　39. D　40. B　41. C　42. D　43. A　44. D　45. C
46. B　47. A　48. D　49. A

二、判断题

50. 错　51. 错　52. 错　53. 对　54. 对　55. 对　56. 错　57. 对　58. 对　59. 错
60. 错　61. 错　62. 错　63. 对　64. 对　65. 对　66. 对　67. 错　68. 对　69. 错　70. 对
71. 错　72. 错　73. 对　74. 错　75. 错　76. 错　77. 错　78. 错　79. 对　80. 对　81. 错
82. 对　83. 对　84. 对　85. 错　86. 对

三、填空题

87. 中断；中断请求
88. 屏蔽中断；非屏蔽中断
89. 向量中断；非向量中断
90. 原程序被中断的位置
91. 随机性
92. 中断返回
93. 中断返回
94. CPU
95. 中断请求
96. 中断请求；现行程序
97. 当前程序
98. 向量地址
99. 中断屏蔽
100. 内部中断；外部中断
101. 现场；寄存器；中断返回
102. 中断请求；中断响应；断点；中断处理；断点保护；现场保护；恢复现场；中断返回
103. 中断；CPU 周期

104．堆栈；PC

105．中断返回

106．中断

107．硬件；软件

108．程序切换

109．中断请求；中断返回

110．可屏蔽中断；不可屏蔽中断

111．中断嵌套

112．程序切换

113．随机性

114．内部；外部

115．结束

116．中断返回

117．关

118．中断服务程序

119．硬

120．CPU；外设

121．中断请求；当前指令；中断服务程序

122．中断系统；中断系统；现场

123．中断返回指令

7.4　DMA 方式、通道方式及外围处理机

一、单项选择题

1．C　2．C　3．A　4．A　5．C　6．C　7．C　8．C　9．D　10．D　11．B　12．A　13．D　14．B　15．C　16．C　17．C　18．C　19．A　20．A　21．C　22．B　23．D　24．D　25．D　26．D　27．A　28．D　29．C　30．B　31．D　32．A　33．B　34．D　35．D

二、判断题

36．对　37．对　38．错　39．错　40．错　41．对　42．错　43．错　44．错　45．错　46．错　47．对　48．对　49．错　50．错　51．对　52．对　53．对　54．对　55．错　56．对　57．对　58．对　59．对　60．对　61．对　62．错　63．对　64．对　65．对　66．错　67．错

三、填空题

68．直接存储器存取

69．内存；设备

70．主存；高速外设

71．DMA 控制器

72．直接存储器存取

73．DMA 控制器

74．初始化阶段；DMA 传送阶段

75．主存；外设；CPU

76. 随机性

77. 随机性

78. 硬件

79. 批量数据

80. 中断方式；DMA方式

81. 内存；外设；DMA；CPU；内存

82. CPU；软件

83. DMA

84. 数组

85. 外围

86. DMA方式；通道方式

87. 字节多路；数组多路；通道

88. 选择；数组多路；字节多路；通道

第8章　外围设备

8.1　外围设备

一、单项选择题

1. A　2. A　3. C　4. B　5. A　6. A　7. D　8. A　9. D　10. D　11. C　12. C
13. C　14. D　15. C　16. B　17. B　18. B　19. A　20. C　21. A　22. D

二、判断题

23. 对　24. 错　25. 对　26. 对　27. 对　28. 错　29. 对　30. 错　31. 对　32. 对
33. 错　34. 错　35. 错　36. 错　37. 错　38. 对　39. 对　40. 对　41. 对　42. 错　43. 对
44. 错　45. 错　46. 错　47. 对

三、填空题

48. 外围设备

49. 输入设备；输出设备；外存储器

50. 键盘

51. MOUSE；机械式；光电式；机械式

52. 每英寸扫描多少个点

53. 分辨率；色深

54. 数据通信设备

55. 光电式

56. 鼠标

57. 光学

58. 视频采集卡

59. dpi

60. 输入设备

61. 每英寸扫描的点数

62. 输入设备

8.2　常见外围设备的工作特点和使用方法

一、单项选择题

1. A　2. A　3. A　4. C　5. A　6. B　7. C　8. B　9. B　10. B　11. B　12. C
13. C　14. B　15. B　16. B　17. A　18. C　19. D　20. B　21. B　22. B　23. C
24. A　25. A　26. D　27. A　28. A　29. D　30. C　31. B　32. B　33. B　34. D
35. A　36. C　37. A　38. B　39. B　40. D　41. D　42. B　43. C　44. D　45. C
46. B　47. C　48. A　49. D　50. A　51. C　52. C　53. B　54. A　55. C　56. B
57. D　58. D　59. B　60. A　61. C　62. B　63. A　64. C　65. B　66. C　67. A
68. C　69. C　70. C　71. A　72. D　73. A　74. C　75. C　76. D　77. A　78. D
79. D　80. B　81. A　82. D　83. D　84. A　85. A　86. D　87. A　88. D

二、判断题

1. 错　2. 对　3. 错　4. 错　5. 错　6. 错　7. 对　8. 对　9. 错　10. 错　11. 错
12. 对　13. 错　14. 对　15. 对　16. 错　17. 错　18. 错　19. 错　20. 错　21. 错　22. 对
23. 错　24. 错　25. 错　26. 错　27. 错　28. 错　29. 对　30. 错　31. 错　32. 错　33. 错
34. 错　35. 对　36. 错　37. 对　38. 错　39. 错　40. 错　41. 错　42. 错　43. 对　44. 错
45. 对　46. 对　47. 对　48. 对　49. 对　50. 对　51. 对　52. 错　53. 错　54. 对　55. 错
56. 错　57. 错　58. 对　59. 错　60. 错　61. 错　62. 错　63. 对　64. 错　65. 错　66. 对
67. 错　68. 错　69. 错　70 错　71. 错　72. 错　73. 对　74. 错　75. 对　76. 错　77. 对
78. 错　79. 对

三、填空题

1. 调制

2. 显示器

3. 阴极射线管显示器；液晶显示器

4. LCD；阴极射线管显示器

5. 视频显示接口；监视器

6. 绿色；蓝色

7. 点距水平扫描频率

8. 逐行扫描；隔行扫描

9. 非击打式；击打式；激光打印机

10. 每英寸打印多少个点

11. 针式

12. 显卡（显示适配器）

13. 字符

14. DPI

15. 显示器

16. LCD

17. 数字

18. 85

19. D

20. 针式打印机

21. 显卡

22. 激光打印机

23. LCD

24. 激光

25. 针式

26. 显示器

27. 每英寸打印的点数

28. 字符显示器；图形显示器

29. 针式打印机；喷墨打印机；激光打印机

30. 外存储器；外存储器

31. 硬盘；光盘

32. 1.44 MB

33. 机械结构；控制电路

34. 平均访问时间；数据传输速度

35. 磁盘控制器；印制电路板

36. 只读型光盘；一次写入型光盘

37. 数据缓冲区与突发数据传输速率；平均存取时间；纠错能力

38. 调制解调器；数字；模拟

39. 操作系统

40. 主存

41. 150

42. 160 MB

43. 21600

44. 磁道

45. 0 磁道

46. DVD-R

47. 512

48. 字符显示方式；图形显示方式

49. 只读不写

50. 18

51. 3.2MB

52. CD-ROM； CD-R；CD-RW

53. 调制

54. 80

55. PS/2

56. 绿；紫

57. 4

58. 79；512；11520

59. 输入设备；输出设备；过程控制设备

60. 主机；软盘；硬盘；光盘

61. 有源；无源
62. 语音识别器
63. 512
64. 只可以读不可以写
65. 18
66. 3.2MB

反侵权盗版声明

　　电子工业出版社依法对本作品享有专有出版权。任何未经权利人书面许可，复制、销售或通过信息网络传播本作品的行为；歪曲、篡改、剽窃本作品的行为，均违反《中华人民共和国著作权法》，其行为人应承担相应的民事责任和行政责任，构成犯罪的，将被依法追究刑事责任。

　　为了维护市场秩序，保护权利人的合法权益，我社将依法查处和打击侵权盗版的单位和个人。欢迎社会各界人士积极举报侵权盗版行为，本社将奖励举报有功人员，并保证举报人的信息不被泄露。

举报电话：（010）88254396；（010）88258888

传　　真：（010）88254397

E-mail：　dbqq@phei.com.cn

通信地址：北京市万寿路 173 信箱
　　　　　电子工业出版社总编办公室

邮　　编：100036

"课课通"普通高校对口升学系列学习指导丛书

语文、数学、英语

※ 课课通语文（第一册~第五册）

※ 课课通数学（第一册~第五册）

※ 课课通英语（第一册~第五册）

※ 课课通语文、数学、英语复习要领与强化训练

※ 课课通语文、数学、英语仿真模拟测试卷

机电类专业

※ 机械基础学习指导与巩固练习（机电类）

※ 电工技术基础学习指导与巩固练习（机电类）

※ 液压与气动学习指导与巩固练习（机电类）

※ 机械制图学习指导与巩固练习（机电类）

※ 电子技术基础学习指导与巩固练习（机电类）

※ 课课通机电类专业复习要领与强化训练

※ 课课通机电类专业综合理论仿真模拟测试卷

电子电工类专业

※ 电工基础学习指导与巩固练习（电子电工类）

※ 电子线路学习指导与巩固练习（电子电工类）

※ 电工测量仪表学习指导与巩固练习（电子电工类）

※ 电子测量学习指导与巩固练习（电子电工类）

※ 电机与拖动学习指导与巩固练习（电子电工类）

※ 课课通电子电工类专业复习要领与强化训练

※ 课课通电子电工类专业综合理论仿真模拟测试卷

计算机类专业

※ 课课通计算机原理（计算机类）

※ 课课通C语言（计算机类）

※ 课课通计算机组装与维修（计算机类）

※ 课课通计算机网络技术（计算机类）

※ 课课通电子技术基础（计算机类）

※ 课课通计算机类专业复习要领与强化训练

※ 课课通计算机类专业综合理论仿真模拟测试卷

财会类专业

※ 课课通会计基础（财会类）

※ 课课通财务会计（财会类）

※ 课课通成本会计（财会类）

※ 课课通财务管理（财会类）

※ 课课通会计相关法律知识（财会类）

※ 课课通财会类专业复习要领与强化训练

※ 课课通财会类专业综合理论仿真模拟测试卷

ISBN 978-7-121-21392-2

9 787121 213922 >

策划编辑：张 凌 陶 亮

责任编辑：郝黎明

封面设计：张 昱

定价：35.00元（附试卷）